中国百年百名中医临床家丛书

叶　熙　春

主　编　李学铭

编　委　马红珍　何灵芝　郑慧文

U0273744

中国中医药出版社

·北　京·

图书在版编目（CIP）数据

叶熙春 / 李学铭主编 . -- 北京：中国中医药出版社，2004.07（2024.7 重印）

（中国百年百名中医临床家丛书）

ISBN 978-7-80156-646-1

Ⅰ. ①叶… Ⅱ. ①李… Ⅲ. ①中医学临床－经验－中国－现代 Ⅳ. ① R249.7

中国版本图书馆 CIP 数据核字（2004）第 072859 号

中国中医药出版社出版

北京经济技术开发区科创十三街 31 号院二区 8 号楼

邮政编码　100176

传真　010-64405721

廊坊市佳艺印务有限公司印刷

各地新华书店经销

开本 850×1168　1/32　印张 8.375　字数 188 千字

2004 年 7 月第 1 版　2024 年 7 月第 2 次印刷

书号　ISBN 978－7－80156－646－1

定价　33.00 元

网址　www.cptcm.com

服 务 热 线　010-64405510

购 书 热 线　010-89535836

维 权 打 假　010-64405753

微信服务号　zgzyycbs

微商城网址　https://kdt.im/LIdUGr

官 方 微 博　http://e.weibo.com/cptcm

天猫旗舰店网址　https://zgzyycbs.tmall.com

如有印装质量问题请与本社出版部联系（010-64405510）

出版者的话

祖国医学源远流长。昔岐黄、神农，医之源始；汉仲景、华佗，医之圣也。在祖国医学发展的长河中，临床名家辈出，促进了祖国医学的迅猛发展。中国中医药出版社为贯彻卫生部和国家中医药管理局关于继承发扬祖国医药学，继承不泥古、发扬不离宗的精神，在完成了《明清名医全书大成》出版的基础上，又策划了《中国百年百名中医临床家丛书》，以期反映近现代即20世纪，特别是新中国成立50年来中医药发展的历程。我们邀请卫生部张文康部长做本套丛书的主编，卫生部副部长兼国家中医药管理局局长佘靖同志、国家中医药管理局副局长李振吉同志任副主编，他们都欣然同意，并亲自组织几百名中医药专家进行整理。经过几年的艰苦努力，终于在21世纪初正式问世。

顾名思义，《中国百年百名中医临床家丛书》就是要总结在过去的100年历史中，为中医药事业作出过巨大贡献、受到广大群众爱戴的中医临床工作者的丰富经验，把他们的事业发扬光大，让他们优秀的医疗经验代代相传。百年轮回，世纪更替，今天，我们又一次站在世纪之巅，回顾历史，总结经验，为的是更好地发展，更快地创新，使中医药学这座伟大的宝库永远取之不尽、用之不竭，更好地服务于人类，服务于未来。

本套丛书第一批计划出版140种左右，所选医家均系在中医临床方面取得卓越成就，在全国享有崇高威望且具有较高学术造诣的中医临床大家，包括内、外、妇、儿、骨伤、针灸等各科的代表人物。

本套丛书以每位医家独立成册，每册按医家小传、专病论治、诊余漫话、年谱四部分进行编写。其中，医家小传简要介绍医家的生平及成才之路；专病论治意在以病统论、以论统案、以案统话，即将与某病相关的精彩医论、医案、医话加以系统整理，便于临床学习与借鉴；诊余漫话则系读书体会、札记，也可以是习医心得，等等；年谱部分则反映了名医一生中的重大事件或转折点。

本套丛书有两个特点是值得一提的：其一是文前部分，我们尽最大可能收集了医家的照片，包括一些珍贵的生活照、诊疗照，以及医家手迹、名家题字等，这些材料具有极高的文献价值，是历史的真实反映；其二，本套丛书始终强调，必须把笔墨的重点放在医家最擅长治疗的病种上面，而且要大篇幅详细介绍，把医家在用药、用方上的特点予以详尽淋漓地展示，务求写出临床真正有效的内容，也就是说，不是医家擅长的病种大可不写，而且要写出"干货"来，不要让人感觉什么都能治，什么都治不好。

有了以上两大特点，我们相信，《中国百年百名中医临床家丛书》会受到广大中医工作者的青睐，更会对中医事业的发展起到巨大的推动作用。同时，通过对百余位中医临床医家经验的总结，也使近百年中医药学的发展历程清晰地展现在人们面前，因此，本套丛书不仅具有较高的临床参考价值和学术价值，同时还具有前所未有的文献价值，这也是我们组织编写这套丛书的初衷所在。

中国中医药出版社

2000 年 10 月 28 日

叶熙春先生

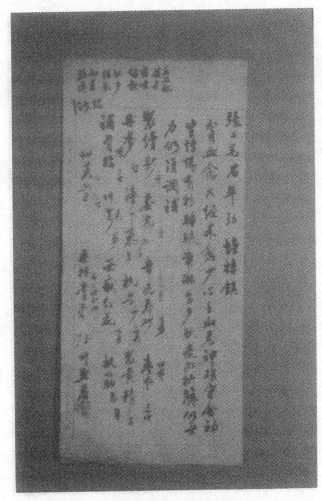

叶熙春先生处方真迹

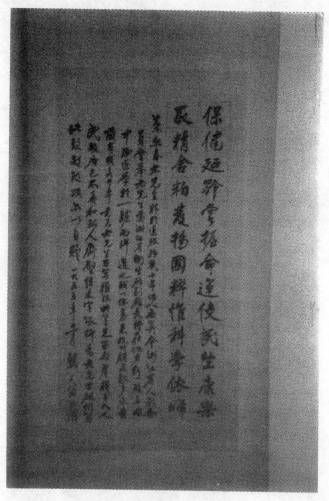

黄炎培为叶熙春先生题词

内容提要

　　浙沪近代著名中医叶熙春先生，从事医疗、教育近七十年，师承叶天士学术流派，学验俱丰，毕生精研秦汉医学经典，广泛涉猎各家医学著作，精内科、妇科，对温病学说造诣尤深，临床中对温热病、痰饮咳喘、胃肠疾病、肝病、血证以及妇科月经不调、胎前产后与妇科杂病等的诊治颇具专长。本书以人民卫生出版社出版的《叶熙春医案》《叶熙春专辑》为主要素材，加以系统整理，集叶老临床经验之精华，并突出其学术特色，对中医临床工作者具有重要的指导价值，颇值研读。

目　　录

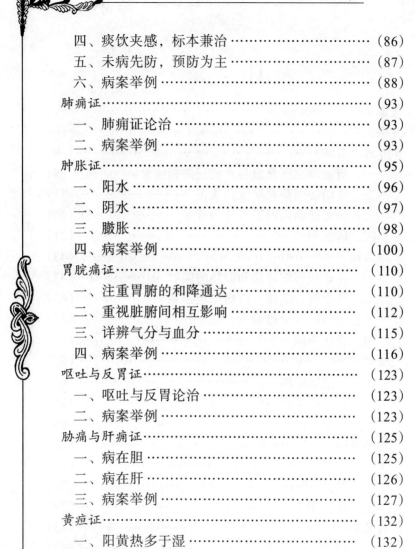

医家小传

　　叶熙春，幼名锡祥，亦名锦玉，字倚春，别号问苍山房主人。祖籍浙江省，慈溪市，祖父叶良松，于清末为避战乱，移居杭州。1881 年 12 月 1 日（清光绪七年十月初十）叶老出生于杭州武林门外之响水闸。年幼家境清贫，为谋生计，其父叶德发携全家迁至余杭市，良渚镇，以设摊度日。叶老幼年天赋聪颖，7 岁启蒙，就读于附近之私塾，后经人推荐，得随当地名医莫尚古先生习医。莫氏受业于清末浙西名医姚梦兰，姚氏系叶天士门生华云岫之第五代传人，擅内、妇、儿科，对湿温时证尤为专长。五年学徒生涯，叶氏习读医籍，刻苦勤奋；研考经旨，一丝不苟；随师临诊，亦尽得其传。满师后遵师嘱至余杭乡下独立行医，并由业师举荐，得以经常求教于师祖姚梦兰先生，姚氏见他年少好学，前途无量，遂破例令其侍诊。两年后，医术大进，遂令其在离师祖 20 里以远的天目山南麓之仓前

镇悬壶。

叶老出身贫苦，深感贫困之家遭灾罹病之苦痛，年轻时立志，若为医，一定要克尽济贫救病之天责。为此他虚心好学，力图上进，每当得知其他医生为乡里诊治疑难病证时，常前往观摩学习。一次，余杭葛戴初老先生来仓前镇诊治一湿温重证患者，他闻讯立即前往，恭立于旁，细心观察，见老先生拟方时思忖犹豫，不禁脱口而问曰：可用某方否？葛闻之大悦，待处方书毕，转嘱病家：此后生已尽得医道之要，日后可请他接着诊治。从此，叶老之医名与日俱增，很快就名噪余杭、临安一带。因为他的一只脚病跛，人称有病要找"余杭叶跛子"。

行医之初，叶老的文学修养并不出色，后来受前辈章太炎先生"不通国学，无益国医"之启发，托人介绍，得随当地名孝廉郎紫垣游，研读经史诗词，年复一年，持之不辍。医理文采日精，青出于蓝，学术声誉均在姚、莫二氏之右。至1928年前后，已是名重四乡的余杭名医。

1929年，叶老因家事赴上海作短期游，住二马路一旅馆内，结识了一些浙江同乡和中医药界同行，正当准备返回余杭时，在沪经商之宁波人胡蝶生，其妻病危，奄奄一息，经蔡同德堂国药店经理万家骧介绍，请叶老诊治，居然药到病除，胡氏大为钦佩，又力邀叶老为其同乡，四明银行董事长孙衡甫治病。孙氏患怪疾，长期精神亢奋，昼夜无法入寐，为此疲惫不堪，痛苦莫名，曾请沪地中西医名家多人诊治，均为之束手。叶老应邀赴诊，初诊处方服药一剂，病者居然得以酣睡几个小时，孙家大喜，遂坚留续诊，讲定至彻底治愈为止，每日送50元银洋作为酬金。不久，孙衡甫的睡眠恢复正常，叶老在上海上层社会的名声亦为之大振，一时间

旅馆门前接送出诊的小汽车川流不息，在当时上海滩传为佳话。从此以后，叶老医誉大著，应各方人士挽留，终于在上海定居，挂牌行医达20年之久。

叶老在上海期间，求诊者蜂至，户限为穿，每天限号100人，白天门诊，傍晚出诊。叶老出身贫寒，深切体会贫病的困苦，凡遇有贫病患者，不论门诊出诊，经常不收诊金，有的还资助药费。他选定上海几家声誉与质量可靠的中药店，建立免费施药专项存折，贫病患者可凭处方上的专门印戳去这些药店免费配药，所有药资均由叶老在年终结付。对于病重者，叶老不顾体残足跛，行动不便，穿陋巷，爬阁楼，从来不以为苦。他把地处大庆里的诊室取名"问苍山房"，意在扪心自问，可对苍天。1955年，叶老的老朋友，中国民主建国会主任委员，全国人大常委会副委员长黄炎培先生来杭州，在一扇面上题诗赠送："中西法冶一炉新，日夕辛劳为人民，江浙农村行一遍，家家争颂叶熙春！"这是对叶老高尚医道医德的真实写照。

叶老在上海行医20年，却在1948年突然摘牌停业，返回故乡杭州，定居于二圣庙前29号，时为世人所不解。缘因当年春天，有一自称在上海开设三家连号中药店的张老板突然来访，以开办接方送药，代客煎药业务为由，要求派人来接收处方，由他们配药，代煎并送药到家，同时许以高额回扣作为报酬。叶老为人耿直，最痛恨医、药串通一气，以劣药，甚至假药坑人，牟取暴利的行径，故当时便予以严词回绝。但自此以后便接连发生流氓滋扰的事件，甚至将无名男尸抬入诊室相要挟，这次事件虽由当时上海中医工会理事长丁仲英，乃至警察局等调查证实是有人故意捣乱，系上海滩的"白相人"（流氓）对得罪了他们的人，"总要摆点颜色拨侬（给你）看看"的卑劣惯技，事件发生以后，药店张老板，与一个自称是他的"账房先生"的人又主动上门，除了针对发生事件讲一通以外，又提出"合作"接方配药的要求，其蓄意讹诈，昭然若揭。叶老一生爱憎分明，秉性刚直，对于这些地痞流氓迫尔就范的无耻伎俩，横眉冷对，宁折不弯。为此事，他深受刺激，终于毅然摘下行医招牌，停业返回故乡杭州，显示了他绝不向恶势力低头屈服的高风亮节。

叶老偕夫人程婷瑛返回杭州后，本拟闭门谢客，潜心著述，总结他几十年的临床经验。无奈医名已著，登门求治者络绎不绝，加以物价飞涨，无奈何重操旧业。当时他的子女多数仍在上海，有的远在北京、天津，日久思儿心切，于是在中华人民共和国成立后不久，又再次赴沪，寄居于世交冯尚文家中。1951年，浙江省卫生厅与叶老取得联系，一再派人赴申，邀他回浙，为家乡人民服务，并由时任卫生厅副厅长、党组书记的李兰炎同志亲自去上海动员。中华人民共和国成立前叶老身为上海滩著名中医之一，却遭受黑势力胁迫，中华人民共和国成立后目睹社会之巨大变化，内心无限激动，衷心拥护共产党，拥护社会主义，以"卫生工作队伍中一名老兵"自居，兴致勃勃地应邀返回杭州。1952年，他邀集了当时杭州的部分中医界名流如史沛棠等，共同集资创办了杭州市第一所中医联合体"广兴中医院"，命名为"广兴"者，寄以广传振兴祖国医学之厚望。1954年带头响应政府号召，舍弃丰厚的经济收入，参加国家医疗机构，在杭州市中医门诊部、浙江省中医院任主任、顾问等职，忙碌于医疗临床第一线，并兼事教育工作。叶老学术精湛，声誉远播，门诊常常挤满求治者，尽管已是耄耋之年，每日连续工

作至午后 2 点才回家吃饭是司空见惯的事，下午还常去省市医院为疑难重症病人会诊。如 1955 年夏，浙江医科大学附属一院邀请他会诊一位脊髓前角灰白质炎病人，当时患者高热昏迷，小便潴留，下肢不能活动，病情危笃，被认为即使能够抢救过来，终有瘫痪之虑。叶老诊察以后，诊断为湿温化燥，邪留营分，遂先以清营开窍治其闭，药后神识渐清，继用生津凉营，泄湿解毒除其热，数剂以后热减神清，小溲畅通，继经调治，下肢活动逐渐恢复而痊愈。此案例引起当时中西医界专家的高度赞赏。时值政府号召大力培养中医人才，他不顾年老体残，主动承担授徒带教任务，一次就带徒三人。还不辞劳苦，以病残之身多次下乡巡回医疗，为贫苦农民送医送药，乐此不疲。曾多次兴奋地说："如果没有毛主席、共产党的英明领导，中医这一行到我们这一代就要断种绝代了。"正是怀着这种对党和人民的深厚感情，他一心一意，任劳任怨地为振兴中医药事业贡献力量。

叶老对在长期革命斗争中致病的老同志十分崇敬与关爱。在京出席全国人民代表大会期间，一位老红军因双脚痿痹，寒冷疼痛，艰于行动而请叶老诊治，经周密诊察与思考，诊断为寒痹久而化为伏热，热郁而阴液受损，复因病程已久，证情寒热错综、虚实夹杂。当他以精湛的医术与对红军的深厚感情，终于治愈该老同志的疾病以后，对身边的人说："这些老红军、老干部跟随毛主席南征北战几十年，都是人民的有功之臣，在战争年代他们流血负伤，积劳成疾，加之环境艰苦，得不到及时的治疗护理，差不多人人身上都有伤残，患有多种慢性病痛，比较难治，我们一定要尽力为之医治，减轻他们痛苦，使之能为国家多做几年工作。"

叶老禀性正直，憎恶阿谀奉承，不畏权势，在上海行医

时，官僚豪门争相邀请，他总以一般病家相待。前面提到的，初到上海时为病人孙某治不寐证，每次出诊以50元银洋相酬。一次，叶老由于给另一病人施诊，到孙家迟了一些，孙家人认为如此重金礼聘，竟然来迟，未免出言不逊。叶老闻之不语，照常诊断处方以后，随方另附一笺留言曰："尔自富豪有权势，我自行医有自由，若要卑躬侍候，尊驾另请高明。"次日即不复再去孙家出诊。孙家无奈，再请原介绍人万经理带领其子登门道歉，叶老才答应继续为孙氏诊治。对于一般寻常百姓，总是热忱接待，仔细诊治，遇贫病者，不收诊金，有的还免费施药。每逢盛夏，出资修合纯阳正气丸等避暑药品，施送给杭州、余杭、良渚等地的城乡贫民。平日之施赈济贫亦为常事。

叶老热爱祖国，把个人和祖国的危亡盛衰紧紧地联系在一起。"九·一八"事变以后，日寇加紧侵华，民族危亡日深。一次他偶然看见一张一个幼儿抱着大西瓜啼哭的照片，触景生情，欣然命笔，题词其旁："小弟弟，因何哭，只恐瓜分要亡国。小弟弟，休啼哭，快快长大救祖国。"忧国之心跃然纸上。中华人民共和国成立初，国家暂有困难，政府号召购买公债，他把自己近几年的积蓄，全部购买了公债，支援国家建设。抗美援朝开始，他又送子参军，保家卫国。

叶老不仅对自己严格要求，学术精益求精，而且深明长江后浪推前浪，中医事业必须后继有人之理，对学徒和学生谆谆教导，诲人不倦。常说：要学医，必先学通医理，不知医理而行其道，不是医师，而是医匠。又说：行医之道贵在正直，最恶投机取巧，敷衍塞责，处方不可投患者之所好，不可乱开贵重药，也不可畏惧风险，而开四平八稳之太平方，总要以病证为准。并书赠座右之铭："病家苦痛，息息

相关，析理穷研，深究病源。"他行医 60 余年，先后授徒 20 余人。解放后各医疗、教育、科研单位选送随叶老学习者更多，学员亦深感叶老之学识博大精深，受益匪浅。现在，他们都已成为中医界的骨干。

为了鼓励和表彰叶熙春先生高尚的思想情操和为人民服务的精神，党和人民给了他极大的荣誉。1954 年当选为浙江省第一届人民代表大会代表，同年经国务院颁布命令，被任命为浙江省卫生厅副厅长。1956 年出席全国先进生产（工作）者代表大会，并当选为大会主席团成员，受到毛泽东等领导人接见。又连续当选为一、二、三届全国人民代表大会代表，农工民主党浙江省委员会副主任委员，政协浙江省委员会常委。1965 年在政府的重视与关怀下，记载叶老丰富临床经验的《叶熙春医案》经他亲自审定，由人民卫生出版社出版，发行全国。1986 年应读者要求，由他的部分学生再次进行整理补充，编撰成《叶熙春专辑》，仍由人民卫生出版社出版发行。

"相传末技历沧桑，服务精神未敢忘。60 余年如一日，何惧暴暑与寒霜。"这是叶老在 1961 年八十寿辰之际，以"跛叟"署名自题的一首七言诗，表达了他生命不息、为人民服务不止的思想情操。正当叶老以老骥伏枥、志在千里的精神为中医事业奋斗之时，"文化大革命"开始了，他的身心遭受了严重的折磨与摧残，但叶老对党的忠贞信仰却并未因此而受到影响，一次在被批斗以后，他认真地对夫人说："毛主席讲要斗、批、改，现在我被斗了、批了，接下来只要改了，就没事了。"善良的老人，天真得像个孩子。可是事与愿违，1968 年 10 月 21 日在一次批斗会上，他被推倒在地，时年 88 岁高龄，体弱身残的叶老，就此心肌梗死，当

场昏厥，不治而亡。1978 年 8 月，有关部门为他举行了追悼会，恢复名誉。1991 年 12 月 1 日，省卫生厅组织举行了"纪念叶熙春百年诞辰学术报告会"，缅怀叶老为中医事业所作出的卓越贡献。

外感温热病

一、辨证以卫气营血与六经三焦相结合

温热时病，来势急，变化速，其治疗之难，既在于用药，更在于辨证。叶老治疗外感温热主张博采众长，宗仲景，法天士，认为古谓之伤寒与今称之温病，皆为四时之外感热病，其辨证方法，伤寒以六经分表里，温病以卫气营血与三焦探深浅、别进退，其实质皆系体现外感热病的传变规律，并反映疾病轻重的不同阶段，为临床治疗提供依据，其间并无矛盾，更无孰是孰非之争，故《内经》有"今夫热病者，皆伤寒之类也"的训教，叶天士亦有"其病有类伤寒"与"辨营卫气血虽与伤寒同"的说法。在临床中叶老参

合伤寒与温病学说，融六经辨证与卫气营血、三焦辨证于一炉，务使病证之表里、深浅、虚实的病机清楚明晰，为施治提供可靠的依据。正如吴鞠通在《温病条辨》凡例中所说，"《伤寒》论六经由表入里，由浅入深，须横看，本论论三焦由上及下，亦由浅入深，须竖看，与《伤寒论》对待文字，有一纵一横之妙。学者诚能合二书而细心体察，自无难识之证。"

纵观叶老治疗外感温热的病案，其取得成效的重要经验之一就是辨证明晰，而这种慎思明辨的关键，在乎善于将伤寒、温病等多种外感热病的辨证方法相互结合。例如湿温证第七案"微寒身热，胸次塞闷，咳嗽多痰，不思纳谷，时时欲呕"者，采用伤寒六经辨证方法，断病因为"浊邪犯于清旷"，"蕴湿留于中焦"，析病机是"温邪夹湿，困于太阳阳明"，施治当"宣畅气机，清除湿热"，用药既散太阳之表，又化阳明之浊，表里双解而得"热减咳稀"。又如湿温证第三案"身热两候，朝轻暮重，胸闷懊恼，口渴喜饮，神识似清似昏，胸前瘔点，细小不密"，采用卫气营血辨证，病因为湿热蕴蒸气分，弥漫三焦，病机是正不敌邪，有内陷之虑，施治以扶正祛邪，标本兼治，用药主以清透达邪，轻补津气，药后邪透热减而渐愈。再如春温证第二案"初时微寒，继则壮热无汗，昨夜起神识昏迷，手足瘛疭，颧红面赤，脉来细数似丝无神，舌紫绛，苔燥黑，齿龈衄血"，采用三焦辨证，病因是伏邪不得从阳分而解，内陷厥少二经，病机为阴液涸竭，虚阳浮越，治法采用育阴潜阳，宣窍达邪，用药以三甲复脉合至宝丹出入，至四诊转入大定风珠汤调治转安。

二、施治必因势利导伏其所主

在叶老遗赠的《温病条辨》一书中留有许多朱色眉批，足见平生对此书研究之深，心得之丰。再捡阅所遗留的治疗外感热病的医案，其中应用《温病条辨》与《温热经纬》二书所载之处方者比比皆是，其中之随证变化，十分的活泼灵动。叶老宗叶天士"在卫汗之可也，到气才可清气，入营犹可透热转气，入血犹恐耗血动血，直须凉血散血"的治疗大法，遵《内经》论治"必伏其所主"的经旨，对于外感热病的治疗，一般分为三个阶段。

（一）上焦肺卫治用辛凉透达

温邪上受，邪自外袭，首先犯肺，肺合皮毛，初起病在卫表，此为疾病初起之常态。除非所感之温邪特盛，抑或患者素体过虚，再或曾为药物所伤，否则很少出现迅即陷入营血或见逆传心包之见证。在表之邪，宜从表解，主用辛凉宣透治法，使邪自卫表透达外出而解，此即《内经》"在表者汗而解之"之意。辛凉平剂银翘散疏风散热，辛凉清透，为叶老常用之方剂。所谓平剂，以其既非桑菊饮之主宣，亦非白虎汤之主清，此剂清宣兼长，故谓之平。叶老认为银翘散系治疗风温初起、邪在肺卫之主方，但此方解表有余而清热不足，当随风热二邪之轻重不同而灵活变化，何况温邪最易伤津，江南地卑多湿，故又按伤津与夹湿之证候变化而随证出入。叶老应用本方常增加清热之品，而对于清热药物之应用，又十分谨慎，最常用之清热药物有山栀、知母、黄芩。良以山栀苦寒清热而横解三焦，凡风温初起而热著者，加炒山栀 10 克，与银、翘相合，清热之力益彰。又山栀合豆豉

为栀豉汤，再与荆芥穗、牛蒡子、薄荷叶为伍，清散结合，无闭门留寇之虑；若热著脉数而细，或汗后脉数而热不减或微减者，加入知母10克，清太阴保少阴，清热之中固护津液，况知母长于清肺，肺热清则咳自减；如若风温身热而咳痰稠黄者，加入黄芩10克，黄芩苦寒入肺，清肺热治咳嗽，与银、翘合用，清热之力颇强，叶老在应用麻杏石甘汤时亦参入黄芩一味，其理相同。以上三味清热药物，知母用于津液有伤者居多，山栀与黄芩二味，除风温以外，对于风温夹湿证尤为相宜，以其苦寒燥湿也。故叶老在应用银翘散治风温夹湿之汗虽出而热不解者，每以银、翘酌加芩、栀清热，配合豆豉、薄荷解太阳之表，或合葛根解阳明之表，又以豆豉合苍术散肌表之湿，或配茯苓、米仁、滑石渗在里之湿，合成表里双解、湿热分清之法，易辛凉清宣为辛苦淡渗，法因病异，药因证变，活泼灵动，疗效卓著。再如前胡、象贝之治咳嗽，陈皮、六曲之除中满，芦根、花粉之润津液等，皆属随症用药之常规。

有一次在叶老家里，先生在论及治疗温病必须注意顾护津液时说，《伤寒论·辨阳明病脉证并治》中说："何缘得阳明病？太阳病若发汗，若下，若利小便，此亡津液，胃中干燥，因转属阳明。"故发汗太过与误下，误利小便引起之胃中干燥，加之热盛，这是太阳表证转属阳明的病机所在。同样，肺胃津伤与热邪炽盛，亦就是温病由卫分转入气分的主要原因，何况温为阳邪，最易伤阴，故治疗温病务须刻刻顾其津液。叶老治温病十分注意顾护津液，虽邪在肺卫，治当宣透，临证中注重其恶寒之程度，有汗与无汗，汗出之多少，以及苔舌润燥、色泽，脉象之粗细等现象以窥探其津液之盈亏变化，作为处方用药与把握药力强弱之依据，其着眼

点在于保护津液，注意顾护正气。盖辛散寒凉之药力太小，则力弱而难逮，不能达到治疗的目的，如若药力过大，犹恐重伤其津液反致酿成他变。这种对症状的周密观察，对病机的正确分析，与丝丝入扣的用药方法，都充分地反映在有关的医案之中。读者能细细品味，必有所获。

至于夏暑病温而邪在卫分者属暑风证，因暑必夹湿故亦属暑湿证。叶老认为冒暑受热，触风感凉是其主要病因，寒郁于表，热遏于里，湿困不化为其主要病机，故形寒无汗、发热、头身疼痛、胸闷欲呕为临床主要见证，则辛温解表、寒凉清暑、芳香化湿、淡渗利湿系其常用治法。临证所用药物区分表寒里热之轻重。凡表寒重者，以苏叶、防风散寒解表，青蒿、银花解暑清热，藿香、佩兰芳香化湿，茯苓、滑石淡渗利湿，他如白蒺藜治身疼，蔓荆子疗头痛，夏枯草清热著，以及川朴、陈皮、枳壳疏中运、除中满等皆随证而加入。若暑热重者，解表用豆卷、杏仁，清热取连翘、银花，或加山栀；利湿渗湿采用芦根、滑石、淡竹叶，或用米仁、通草、赤茯苓之类；芳香化浊常用广藿香、鲜佩兰等药；若因热盛而津伤，则每在减少利湿渗湿药之同时，增入鲜石斛甘凉濡津。叶老对于石斛之应用颇有讲究。凡外感热病之一般津液损伤与内伤杂病之肺胃津亏者，俱以川石斛治之；若热盛耗津舌燥而舌质偏红者，改用鲜石斛治疗；对于湿温化燥之津液涸枯或湿热痢疾之戕伤津液者，每以鲜铁皮石斛治疗，此药甘凉而苦，苦能清热，用之更为熨帖。临床中治疗暑风、暑湿证，新加香薷饮、藿朴夏苓汤，以及杏苏散、三仁汤等，均系常用之方剂。

秋燥亦系新感温病之一，入秋燥金司令，湿去燥至，若其人素体肺津胃液不足，或肾阴内虚，或误汗夺血而液

亏者，其证候表现更为明显。秋燥证除恶寒发热以外，口渴咽干或痛，咳嗽痰少或干咳无痰为常见之临床特征，如若咳甚，则胸闷、胸痛、气喘、咳血，亦属常见。治疗秋燥以辛凉甘寒微苦为大法。辛凉解表常用桑叶、菊花，甚者加薄荷；恶寒甚者，豆豉亦可加入；甘寒濡燥每采花粉、生草、鲜石斛，甚则参以女贞子、旱莲草；若素体肾阴不足者，则生地、阿胶亦系要药；清热慎用苦寒，体实者主用银花、连翘，热盛咳剧者加用黄芩，热盛动风者参入羚羊角；体虚者主用白薇、知母，或加丹皮戢肝阳而润燥金。咳嗽咳痰乃秋燥主证之一，叶老常以甜杏仁、川贝粉、生蛤壳为主药清痰热止咳嗽，并随证佐入枇杷叶肃肺，苦桔梗祛痰，蜜橘红化痰，若痰出稠厚而色黄者，加入鲜芦根、生米仁、冬瓜仁之属，已归入《千金》"苇茎汤"之用法。至于喻嘉言"清燥救肺汤"每在邪盛热炽咳剧时采用，亦必随证加减。

冬温亦属新感温病范畴，冬令寒水司令而反病温者，其因有二：一则其人禀赋素虚，肺肾之阴液不足；二则温为冬令非时之气，邪势过盛。故冬温证之特点，虽初起在卫而恶寒较重，身热无汗，未几则恶寒即罢，热势炽盛，口干舌燥，舌苔燥黄，舌质偏红，伴以咳嗽痰稠，胸闷或喘，温邪业已转入气分。故寒少热多，在卫时短，迅即入气乃是冬温的主要临床特征之一。温热盛而津液亏是其主要病机所在。治疗大法，在卫当以清热生津为主，少佐宣肺达表之药，汗之宜慎，犹恐过汗耗液而益虚其虚，以致温邪肆横，引其陷入。当邪至气分，治宜清热涤痰，甘寒濡润，斯时温热易与痰浊胶合，热为无形之气而易清，痰为有形之质而难消，二者合则势盛，分则易除，故治疗时注重清热涤痰药之应用。

具体用药方法，清热选用银花、连翘，咳甚加黄芩，津亏参知母；涤痰以苦杏仁、海石、川贝粉、冬瓜仁为主，或佐入枇杷叶、黛蛤散清肃肺气，或参以苦桔梗、大力子、淡竹沥祛痰止咳；甘寒生津常用鲜石斛、乌玄参、麦冬、花粉、生甘草之类。如若此时仍然微恶风寒者，此为表未净解，宜略佐透达，或加入一味薄荷，或加入一味葛根，二药俱用小量，约在 5 克，并区别卫分气分而选择应用。

（二）中焦气分法以寒凉清泄

温邪卫分不解，传入气分。气分温病里热蕴蒸，其势已盛，故变证丛生。叶老遵《内经》"热者寒之""实者泻之"和叶桂"到气才可清气"之理论，参考吴鞠通"温邪之热与阳明之热相搏，故但恶热也，或用白虎，或用承气"的治法要点，对于"邪热蕴蒸阳明，汗出壮热不退，渴欲冷饮，面红耳赤，舌红苔黄，脉来滑数"者，治以辛凉重剂白虎汤加味。盖苔黄热已深，渴甚津已伤，大汗系热逼津液，面赤与恶热系里热蕴蒸其邪欲出而未遂，故"非白虎汤之虎啸风生，金飚退热而又能保津液不可"。对于"阳明腑实，壮热，神昏谵语，不大便"者，治以承气汤加味，冀其苦泄以去实，咸寒以泻热。更有寒热纷争，头疼目眩，耳聋，胸闷作呕，气分之邪留连三焦而不解者，叶老经常参照《伤寒论》少阳辨证，又宗《温热论》"和解表里之半，分消上下之势"等理论，仿王孟英"若风温留连气分，但宜展气以轻清，如栀、芩、蒌等味"，分消上下之势者，以杏仁开上，厚朴宣中，茯苓导下，"或其人素有痰饮者，故温胆汤亦可用之"等治法介绍，再参照仲景治伤寒以柴胡为和解少阳之主药，临床中对于邪蕴膜原，留连三焦而不解者，或以三仁、温胆

之类分消，或用蒿芩清胆、柴葛连前之属和解，亦常以柴胡作为运枢达膜之要药，或与葛根、黄连、青蒿为伍，或与青蒿、夏枯草、佩兰合用，每每取得理想疗效。由清以降，形成了温热学派，其代表人物如叶香岩等，在治疗湿温、伏暑时力戒柴、葛，并为后世所沿相习用。至近代医家陈存仁、秦伯未等，对于柴胡在治疗湿温证中的应用取得了进展，如陈存仁在所著《湿温伤寒手册》中指出："清代医家忌麻、桂、姜、辛甚是，忌柴、葛则非。"认为"时方家对湿温不主张用柴胡，但在寒热起伏时期及缠绵时期，则不失为疏解的主药"。秦伯未也说："柴胡一药在湿温伤寒病中占有重要的地位和收有良好的效果。"叶老与以上二位处于同一时代，他不受温病学派中有关理论之约束，在治疗湿温证时善于应用柴、葛并取得良好的疗效，这是叶老在理论与实践上对温病学说之发展作出的贡献。

温病邪结气分，治疗方法或清或泻或消或和，以清除里邪为目的，诸如苦寒泻火、苦辛泄降、苦甘咸寒等法为叶老所常用。温病气分之邪亦有无形与有形之别，有形邪热壅结胃腑，其证与《伤寒论》阳明腑实证类同，亦用大承气辈苦泄下夺，清热荡涤。但在具体药物应用中，则按照温病之特性，对于苦寒之品用量较轻，咸润之药剂量独重，轻取大黄、枳朴之苦泻，重用玄明粉之咸润，每当药后燥结下泄，大腑见通，则苦寒不复再用，随即参入甘寒生津之剂。此等用药方法与《温病条辨》中"阳明燥证，里实而坚……已从热化，下之以苦寒"和"温病燥热，欲解燥者，先滋其干，不可纯用苦寒也。服之反燥甚"之说相吻合。盖苦能除火，其化为燥，温病恣用苦寒，多致伤津耗液，此正如鞠通所云：乃"化气比本气更烈"之故也。叶老认为温病气分无形

之热，亦以《伤寒论》阳明经证之壮热、汗多、口渴、脉洪数为辨，此证在暑温证中尤易出现，故天士有"夏暑发自阳明"之说。然温病气分热盛与伤寒阳明经证亦有不同之处，良以温热阳邪，易耗津液，亦伤元气，一旦邪热转入气分，热势鸱张而津气内伤，每多演成实中夹虚之证，对于素体虚弱以及失血亡津者更难避免，斯时，高热、干渴、汗多三症悉俱而脉形以濡数者为多见，况且液亏者热无以制，热盛者神为之扰，更有热与痰结、内蒙心窍与热激风动等变故，于是乎除了四大症以外，神倦嗜卧、神识似昏、谵语喃喃、四肢微搐等症皆可出现，此又与伤寒阳明经证之临床见证有所不同。至于治法，仍然以白虎汤为主方，药量不大，知母在9~12克，生石膏用30克左右，亦有用至数两者，此属个例，至于甘草与粳米，多以花粉、石斛、鲜芦根辈易之，良以温邪伤津也。此外常参入银花、连翘、山栀增强清热除温之力，夹湿或咳著者黄芩亦可加入，或再参以滑石或六一散、益元散之类，此系黄芩滑石汤用法。热盛津耗加西洋参，伤气加北路太子参，俱与麦冬同用，若舌见绛红者，乌玄参、鲜生地亦系常用，以护其未受邪之地，防其内陷尔。神识似昧而谵语者，常用连翘心、郁金、鲜石菖蒲，或合用牛黄清心丸，热盛激风而微搐者酌加羚羊角、钩藤、或再加制天虫。痰因热起，痰热相合则上蒙心窍，急加川贝、竺黄、竹沥，甚者胆星亦可加入；便结者加瓜蒌，重在开达，使痰不与热合则其势孤也。气分温病热势鸱张，津液易伤，阴津消耗则易内传，叶老十分注重甘寒生津、甘苦化阴之应用，常用者有鲜石斛、鲜芦根、天花粉、甘蔗汁、梨汁等，至于生地、玄参等阴腻者，缘因其性呆滞，易于恋邪而滋生痰热，用之尤慎，此符合叶天士气分病"慎勿用血药，以滋腻难

散"之治法。

（三）下焦营血治宜咸寒填摄

邪热深入营血，病势重而且危。热邪犯心，神为热扰，谵语神昏，躁狂无制，或谵语喃喃，昏不识人；热激肝阳，木摇风生，抽搐反张，或瘈疭难制；热伤血络，迫血外溢，血行不循常道，而现诸种出血；热张无制，阴损及阳，元气为邪热所贼，最终亡阴夺气，元神散脱。故病至营血，险象毕露，救治已刻不容缓。叶老治此类重症，正确把握标本之缓急，虚实之主次，或咸寒救阴以除热，或介类潜阳以镇摄，或芳香搜邪以开逐，或甘酸咸寒并用扶正以祛邪，因证而异，随证而治，多能取得显著疗效而活人无数。

叶老治温病营血证，若其人体质壮实，证见身热神昏，或谵语嗜睡，舌绛苔黄而焦，脉来细数者，此温邪陷入心包，正如《三时伏气外感篇》中所云："此手太阴气分先病，失治则入手厥阴心包络，血分亦伤。"遵《内经》"热淫于内，治以咸寒，佐以甘苦"之旨，采用咸寒甘苦之清营汤或清宫汤为主方，加入牛黄至宝丹、安宫牛黄丸清营、透热、宣窍以治。若并见壮热，烦渴而脉大者，改用气营两清治法。按清营、清宫两方中以犀角、玄参、连翘、生地、麦冬为主药，凡邪入心营，证属水不足而火有余，且又每夹秽浊之气，离以坎为体，坎水不足则离火益炽，玄参咸苦属水，善补坎中之虚，犀角味咸清灵，辟秽解毒通心气，且色黑补水，亦补坎中之水，此二物为此两方中之君药。连翘苦寒微辛，与心同用，清热透邪入心宣窍，实为"透热转气"之要药，与玄参相合，一补坎中之水，一清离中之火，相得而益彰。至宝丹、牛黄丸，《温病条辨》谓其功在"芳香化秽浊

而利诸窍，咸寒保肾水而安心体，苦寒通火府而泻心用"，"皆能补心体，安心用，除邪秽，解热结"，具拨乱反正之功。叶老认为邪陷心营者神昏谵语是主症，燥热结于阳明气分，谵语神昧亦是主症之一，其间症状虽似而证候各异。前者为邪陷心营，热伤心神，后者系阳明燥热不为下夺而心神被扰，正如《灵枢·经脉别论》中有云："足阳明之证，上至脾，入于腹里，属胃，散之脾，上通于心"，可见阳明与心经络相通，密切相关也。治疗之法，邪入心营以清营搜邪开窍为治，阳明热结宜通腑泄热宁神为法。至于辨证方法，当以实热燥结为依据，温病发热而见神昧谵语者，若兼有"大便秘结"、"旬日不大便"、"口气臭秽"、"舌苔黄糙"、腹部按之不适、脉来沉实者，按阳明温病论治。此乃叶老治温病发热神昧谵语的主要经验之一。

叶老曾曰：实者心营，虚者厥少。大凡温邪深入下焦，内陷厥少，多因其人禀质素虚，或肝肾先伤为基因，亦有温热久羁不除而吸尽西江者。因其真阴内虚，温热无制，邪热得以迅速陷入厥少二经，呈现阴液涸竭，虚阳浮越，神识昏昧，肢体痉搐，面赤颧红等危象。对此，叶老宗吴塘"热邪深入，或在少阴，或在厥阴，均宜复脉"之论述，每以加减复脉汤合至宝丹、牛黄丸等"育阴潜阳，宣窍达邪"为治。按温病邪入厥少，良由温热久蕴于气分不解发展演变而致，故燥热灼伤肾水乃其主要病机所在。盖足少阴肾，主水，藏精，足厥阴肝，属木，水生木，厥阴肝木必待少阴肾水充足而后能生，故二经皆可以复脉汤主治，此乙癸同源之理也。古云："伤寒传手不传足"，仲景立复脉汤，以心主血脉，主治手少阴心之阴阳气血不足而证见"脉结代，心动悸"者，故又名炙甘草汤，以大剂甘草为君，合党参补心气，伍桂枝

护心阳，再入阿胶、麻仁等益心阴、养心血。温病厥少证之主要病机为"阳亢阴竭"，则参、桂、姜、枣之助阳益气者断不宜应用，故除之，而倍加白芍佐地、胶、麦、麻敛三阴之阴，又加牡蛎、鳖甲、龟板三味介类，咸寒属阴，存阴敛阴，搜邪镇潜。对肾水不足，水不涵木，木旺生风而肝风鸱张证见两手颤动者，则以大定风珠浓浊填阴、介属镇潜为治。凡病重至阴竭而阳亦欲脱，舌光绛、根苔焦黑如龟壳，脉细数似丝无神者，在以上二方中加入野山参、移山参等大补元气，益气救脱，共奏益气育阴扶正祛邪之功。

三、扶正祛邪以顾护胃气为首务

温病系由燥热之邪所致，其耗阴伤气最烈，历来温热家治之，以祛邪救阴为首务，乃有"留得一分津液即存得一分生机"之说。天士曰：温邪"不燥胃津，必耗肾液"，其中尤以胃津之损伤首当其冲，叶老遵其训，又按"救阴不在血，而在津与汗"，与"人之气阴，依胃为养"等理论，在治疗时刻刻不忘护胃生津，临床中亦常以胃气之虚实损复作为用药与预断机转的关键之一。

纵观叶老治温病案，每以胃津胃气之来复作为邪却病退、病去正复的标志。如案载"高热得减，面红已除，舌苔黄燥转润……津液已有来复之渐"，"胃气初见来复，元神散而复敛"。盖人以胃气为本，有胃气则生，无胃气则死，凡病中胃气受损则其病益进，虽病轻有转重之虑，而胃气得复，病虽重亦寓转愈之机。叶老认为凡病虽去而胃气未复，仍不可大意，如湿温"湿去热减，胸闷肢酸亦除，唯胃气未复，病未瘥痊"，仍须和中舒胃为治。盖胃气未复，则正气无助，病情时有反复之可能，在这种情况下，叶老往往以

"顾其胃气，先苏其困，令得谷食以助元气"为治，扶持正气以杜病根。

叶老治温病注意顾护胃气胃津之思想体现在病程之各个阶段，贯穿治疗之始末。邪在肺卫，治用辛凉轻解，须防过汗伤津外，每于凉散剂中加入花粉、石斛、鲜芦根，热盛津伤加知母，以护肺胃已伤与未伤之津液；邪入气分，治用清泄，未待热邪尽除，即续以白虎加洋参、人参，或承气合鲜石斛、麦冬、花粉等，"清养胃阴，以撤余邪"。阳明燥热，化源必受其戕，气阴倍受损耗，中焦燥热灼液，损及下焦肾阴，故叶老强调气分邪热炽盛，治当清邪兼以益胃之临床意义，俾抑阳存阴，清热生津，使化源不绝，则邪祛而正复，病体得以痊愈。而当邪入下焦，深陷厥少，热势鸱张，势已燎原，此时邪盛而正虚，故于三甲复脉或大、小定风珠方中加入西洋参、鲜石斛等育阴救液，顾护胃气。对于温热深入心营，且与伏痰互结，而有内闭之虑者，必以至宝丹、陈胆星、鲜菖蒲、川贝粉等豁痰开窍，加西洋参、原麦冬、鲜芦根等生津润液。至于热病后期，热退"邪去八九"时，则宗吴氏治法，重在培植后天之本以收功。

四、病案举例

（一）风温案

例1

张某，男，30岁。2月，余杭。

身热3个月，汗出未解，头痛恶风，咳嗽痰稠，口渴喜饮，脉浮而数，舌苔微黄。时当仲春，厥阴风木行令，风温袭肺，治以辛凉透表。

青连翘二钱半，黑栀三钱，冬桑叶三钱，炒牛蒡子二钱，淡豆豉二钱半，荆芥穗一钱半，知母四钱，天花粉三钱，杏仁三钱（杵），蜜炙前胡二钱，炙橘红钱半。

二诊：前方服后，身热已退，头痛恶风亦杳，尚有数声咳嗽，脉微数，苔转白薄。再拟清宣肺气。

杏仁三钱（杵），炒牛蒡子三钱，桔梗一钱半，炒枇杷叶四钱（包），浙贝三钱，炙前胡二钱，知母四钱，生甘草一钱，淡子芩一钱半，天花粉三钱，炙橘红一钱半。

【按语】风温上袭于肺，肺合皮毛而主卫表，故症见恶风发热，咳嗽口渴。盖风为阳邪，故而初起即有汗出。治用辛凉透表，此乃正治之法也。

例2

方某，男，40岁，2月，余杭。

恶寒壮热，汗出未解，咳嗽气急，喉间痰声辘辘，胸部隐痛，脉滑数，苔白腻，根微黄。风温夹痰，热不速解，有化燥之虑。

青连翘三钱，杏仁三钱（杵），豆豉一钱半，鲜石斛三钱（劈、先煎），桑叶二钱，桔梗八分，天花粉一钱半，浙贝三钱，枳壳八分，炒枇杷叶四钱（包），陈皮一钱半。

二诊：服前方后，痰热未清。咳嗽胸痛，口渴索饮，更衣秘结，脉滑数，苔根黄腻。痰热相并，交阻肺胃，再拟前方佐以润下。

青连翘三钱，鲜扁斛三钱（劈、先煎），杏仁三钱（杵），全瓜蒌八钱，桃仁一钱（杵），郁李仁三钱（杵），元参四钱，橘络红各一钱半，丹皮一钱半，生蛤壳五钱（杵），浙贝三钱。

三诊：壮热悉退，大便亦下，虽不化燥，津液未还。脉

滑，苔白，太阴郁热已解，阳明秽浊得行，尚有小咳胸痛乃余热未清耳。

杏仁三钱（杵），川贝二钱，桃仁八分（杵），冬瓜仁四钱，知母一钱半，生蛤壳五钱（杵），天花粉一钱半，生粉草五分，麻仁三钱（杵），蜜炙橘红一钱半，茯神五钱。

【按语】此为风温痰热交阻肺胃之证，有形之痰浊与无形之热邪互结于中，气机被阻，因而咳逆胸痛，燥渴便秘，汗出热亦不衰。初用清宣开泄未逮，继以凉润导下，浊滞尽去，郁热亦随之而解。

例3

单某，女，28岁。3月，杭州。

产后十日，恶露已净，感受风温，突发壮热，见汗不解，咳嗽痰稠，气急烦渴，红疹隐隐，昨晚起神志昏迷，两手抽搐，舌绛而燥，脉弦数。为产后新虚，无力御外，温邪由表转里，由气入营，且动内风，亟宜清营泄热息风为治。

牛黄至宝丹一粒（先化吞），带心连翘四钱，黑山栀三钱，元参三钱，川贝三钱，花粉三钱，鲜芦根二两（去节），鲜竹叶卷心三十支，双钩四钱，炙前胡二钱，杏仁三钱（杵）。

二诊：壮热得减，神识已清，抽搐亦定，疹点隐回，夜来寐安，而咳嗽痰多，渴欲喜饮，脉细数，舌绛，苔薄黄。温邪已有外达之渐矣。

青连翘四钱，银花三钱，淡子芩一钱半，知母三钱，花粉三钱，鲜芦根八钱（去节），淡竹叶二钱半，炒大力子二钱，炒枇杷叶四钱（包），杏仁三钱（杵），炙前胡二钱。

三诊：温邪留恋气营，昨日红疹又现，咳嗽尚频，痰稠胸痛，脉细数，苔薄黄。原法增损续进。

青连翘四钱，银花三钱，嫩紫草三钱，丹皮一钱半，鲜芦根八钱（去节），生甘草八分，淡竹叶三钱，炙桔梗一钱半，橘红一钱半，炒枇杷叶四钱（包），炙前胡二钱。

四诊：疹已默消，咳嗽亦稀，余热尽退，脉转缓滑，而痰多胸痛如故。再清余邪。

川贝粉一钱（研吞），杏仁三钱（杵），炒大力子三钱，银花三钱，桔梗一钱半，生甘草七分，炙前胡二钱，生蛤壳六钱（杵），炒枇杷叶四钱（包），陈芦根七钱，化橘红一钱半。

【按语】患者感受温邪，未从外解，而迅即由表转里，由气入营，见有神昏、抽搐、舌绛而燥，谅由正不胜邪，病邪速进而内陷，故用清营泄热之剂推邪外出，不使正伤，此为急则治标之法。至红疹回而复现，乃温邪介于气营之间，血分郁热未清，三诊中加紫草、丹皮等，即是斯意。叶老对本病明辨本虚标实，治标急于治本。庶乎应手奏效也。

例4

蒋某，男，24岁。3月，临安。

时值春令，农事方兴，日前跋涉崎岖，冒雨淋湿，至夜恶寒身热，头昏而痛，咳嗽频频，口渴不喜多饮，胸次塞闷，大便溏薄，小溲短赤。自服午时茶，汗出热仍不解，按之脉象濡数，舌苔白腻满布，乃风温夹湿，治拟辛凉合渗湿。

淡豆豉三钱，黑山栀三钱，淡子芩二钱，粉葛根二钱，浙贝三钱，炙前胡二钱，赤苓四钱，生苡仁四钱，制苍术二钱，陈皮一钱，炒神曲二钱（包）。

二诊：前药服2剂后，身热减退，胸次已宽，小溲清长，大便亦不溏薄，而独咳嗽未已，脉象微数，舌苔白薄，为湿去热减，肺气未宣，再拟宣肺降气，并清余热。

炒枇杷叶四钱（包），前胡二钱，浙贝母四钱，桔梗一钱，炙橘红一钱半，云苓四钱，生甘草八分，花粉三钱，淡竹茹二钱，淡芩一钱半，苡仁四钱。

【按语】风温夹湿，法用辛凉解表合淡渗化湿者，以冀微微汗出，俾使风湿俱去，效麻黄加术汤意也。

（二）春温案

例1

蒋某，男，18岁。3月，余杭。

春温壮热一候未解，烦躁不安，渴喜多饮，面赤口臭，舌唇焦燥，时有谵语，不思纳谷，大便八日未落，曾服辛凉之剂未效，脉象滑数，舌苔黄糙而燥。阳明腑实之证毕现，拟凉膈散化裁，以符清上泄下之意。

青连翘三钱，黑栀三钱，淡子芩二钱，知母四钱，生锦纹二钱，元明粉一钱半（冲），全瓜蒌三钱，炒枳壳一钱半，花粉二钱，生甘草八分，原干扁斛三钱（劈，先煎）。

二诊：前方服后，今晨便下燥矢甚多，壮热略减，已能安寐，唇舌之燥不若前甚。脉数，苔黄。阳明腑实虽清，而经热未解，久热阴液被劫，再拟养阴清热继之。

生石膏一两（杵，先煎），知母三钱，西洋参二钱（先煎），鲜扁斛三钱（劈，先煎），天花粉三钱，鲜生地八钱，青连翘三钱，淡芩一钱半，生甘草八分，川贝三钱，全瓜蒌四钱。

三诊：服人参白虎加减，身热顿减，渐思纳谷，舌苔薄黄，脉见小数。伏邪已得外达，再拟清养胃阴，以撤余邪。

太子参二钱（先煎），鲜扁斛三钱（劈，先煎），知母四钱，生石膏八钱（杵，先煎），鲜生地八钱，淡子芩三钱，生甘

草五分，冬瓜仁四钱，云苓三钱，青连翘三钱，川贝一钱半。

前方进 2 剂，身热已退，后以原方去淡芩、石膏，加麦芽，服 3 剂，渐次而愈。

【按语】春温邪热郁于胸膈，中焦燥实已具，方用凉膈散，翘、栀清其无形之热，硝、黄荡其有质之垢，乃清上泄下之法。服后阳明腑实得清，而经热未解，阴液又伤，故续用白虎加西洋参、石斛、鲜生地等养阴清热，以肃余邪。

例 2

毕某，男，45 岁。2 月，昌化。

禀体素虚，且有淋患，肝肾之阴先伤，又得春温。初时微寒，以后壮热无汗，烦躁不安，耳聋目糊，口渴喜饮。昨夜起神识昏迷，手足瘛疭，颧红面赤，脉来细数，似丝无神，舌紫绛，苔燥黑如龟壳，齿龈衄血。病乃伏邪不得从阳分而解，内陷厥少二经，阴液涸竭，虚阳浮越。温病到此，即笃且极矣。亟拟养阴潜阳，宣窍达邪。

吉林人参一钱半（先煎），麦冬四钱，元参心四钱，大生地八钱，紫丹参三钱，阿胶三钱，生白芍二钱，生龟板、鳖甲各八钱（先煎），生牡蛎六钱（杵，先煎），川贝三钱，人中黄二钱（包煎），陈胆星八分，鲜竹茹四钱，鲜菖蒲汁一匙（和药冲），至宝丹二粒（先化吞）。

二诊：温邪深扰厥少二经，灼耗津液，大有吸尽西江之势。昨投扶正祛邪，营热犹炽，神昏如故；风阳未清，瘛疭难定；金受火烁，气促鼻煽。症势虽笃，所幸脉象稍见有神，生机尚未绝望。

吉林人参一钱半（先煎），天麦冬各四钱，犀角尖一钱（先煎），大生地八钱，粉丹皮一钱半，生白芍一钱半，元参四钱，丹参三钱，蛤粉炒阿胶四钱，人中黄一钱半（包

煎），天花粉二钱，生龟板、鳖甲各八钱（先煎），生牡蛎八钱（杵，先煎），至宝丹二粒（先化吞）。

三诊：今日衄血已止，鼻煽亦定，舌苔黑壳渐落，而舌本干燥起有芒刺，神识时昧时清，瘛疭未已。再拟原法出入。

吉林人参一钱半（先煎），天麦二冬各四钱，元参四钱，细生地八钱，阿胶三钱，川贝三钱，天花粉二钱半，粉丹皮二钱，青蛤散四钱（包煎），杏仁三钱（杵），生龟板，生鳖甲各八钱（先煎），灯心五十支。

四诊：营热未清，变幻多端，神明仍为所蔽，阴液大伤，内风鸱张，两手颤动，舌绛且糙，脉见沉细。证属正虚邪实，当拟大定风珠加减。

别直参一钱半（先煎），西洋参一钱半（先煎），霍石斛二钱（先煎），犀角尖五分（先煎），阿胶三钱，大生地八钱，生白芍二钱，川贝二钱，生牡蛎八钱（杵，先煎），天竺黄一钱半，甘菊二钱，鸡子黄一枚（打匀，冲）。

五诊：昨进大定风珠，诸恙已十去七八，风定则不扬焰，热退则不劫阴，神识已清，瘛疭亦定。胃气初见来复，稍思饮食；元神散而复敛，自能酣寐。唯唇舌尚燥，脉细无力，大势虽已由逆转顺，调护仍须刻刻留意。再拟养阴扶正，以清余邪。

别直参一钱半（先煎），西洋参一钱半（先煎），麦冬四钱，元参心四钱，蛤粉炒阿胶三钱，炙甘草八分，生白芍四钱，生牡蛎八钱（杵，先煎），川贝三钱，茯神四钱。

【按语】春温之邪，变化多端。王氏所说"伏邪留恋不去，犹如抽蕉剥茧，层出不穷"即斯意也。患者素体阴虚，又感春温，始有微寒，继而壮热，邪不从汗解，而见神昏瘛疭，此乃病邪深陷，由气入营，液涸风动。叶老治用三甲复

脉法加至宝丹，育阴潜阳，清营解毒，是为拨乱反正之义。复诊虽然证势未减，而脉稍见有神，可见初方已中肯綮，再加犀角一味，意在清营解毒，沃焦救焚。三诊衄血止，鼻煽定，舌苔黑壳始脱，而舌本干燥起有芒刺，为营热犹炽，阴液难复，故四诊用大定风珠养阴、柔肝、息风，济涸澈之水而滋化源，服后热退神清，风定痉止，胃气见苏，病情出险入夷，邪去正伤，续予气阴两顾之法。是属善后之计也。

（三）暑温案

例 1

金某，男，24 岁。7 月，昌化。

暑温一候，汗出壮热不退，渴喜冷饮，神倦嗜卧，唇红面赤。昨夜起神识时昏时清，且有谵语，脉象弦滑而数，舌绛，苔黄燥。暑邪内干心营，扰乱神明，邪势鸱张，亟宜清营达邪。

带心连翘三钱，银花三钱，元参心三钱，黑栀三钱，鲜石菖蒲根二钱，川贝二钱，鲜生地八钱，益元散三钱（荷叶包），黄郁金二钱，茯神四钱，牛黄清心丸一粒（先化吞）。

二诊：神识转清，身热未退，汗多口渴，面红目赤，脉象滑数，舌苔黄燥。暑邪虽已由营外达，而热势未平，再仿人参白虎汤加味。

北路太子参二钱（先煎），生石膏一两（打，先煎），知母四钱，扁斛三钱（劈，先煎），带心连翘三钱，元参三钱，鲜生地五钱，黑栀三钱，益元散四钱（荷叶包），天花粉四钱，川贝二钱。

三诊：高热得减，面红已除，舌苔黄燥转润，津液已有来复之渐，脉象弦数。再拟养阴泄热。

北路太子参二钱，元参三钱，鲜生地五钱，知母四钱，银花三钱，连翘四钱，花粉四钱，鲜芦根一两（去节），六一散三钱（荷叶包），生苡仁四钱，赤苓三钱。

四诊：前方服2剂，身热尽退，脉象转缓，苔薄黄，小溲短赤。前方去太子参、连翘、芦根、元参，加扁斛三钱，麦芽三钱，淡竹叶二钱，以清余邪。

例2

徐某，男，1岁。7月，三墩。

乳婴体质娇弱，患受暑邪，暑遏热郁，气机闭塞，痰浊内阻，心包被蒙，神识昏迷，热激风动，四肢抽搐，角弓反张，肢末厥冷，指纹紫伏，直透命关，舌苔焦燥。痉厥重证，内闭堪虞。亟宜清暑息风，豁痰开窍。

羚羊角尖五分（先煎），连翘一钱半，金银花三钱，鲜扁斛一钱半（劈，先煎），双钩三钱，天竺黄一钱，川贝一钱半，丝瓜络三钱，竹茹二钱，橘红络各一钱半，鲜枇杷叶二张（拭包），牛黄至宝丹一粒（先化吞）。

二诊：昨进清暑息风豁痰开窍，痉势虽见缓和，而神识依然未清，喉间痰声辘辘，乳汁不进，指纹如前，四肢厥冷。邪犯厥阴少阴，症势鸱张，如小舟之重载，未逾险境，再拟原法踵步。

羚羊角尖七分（先煎），带心连翘二钱，金银花一钱半，天竺黄一钱，制天虫一钱半，制胆星六分，川贝一钱半，益元散三钱（荷叶包），扁斛二钱（劈，先煎），双钩三钱，竹沥一两（分冲），牛黄至宝丹一粒（先化吞）。

三诊：前方服2剂，身热得减，痉定，神识亦清，四肢转温，喉间痰声消失，而指纹紫伏如故，病见转机，可望入夷。再拟养阴清暑化痰继之。

鲜生地四钱，川贝一钱半，鲜竹茹三钱，银花三钱，橘红络各一钱半，茯神二钱，天竺黄一钱，双钩三钱，青连翘二钱，制胆星五分，益元散三钱（荷叶包）。

四诊：热退，吮乳如常，指纹转红，已回气关，而唇舌仍然干燥，便下痰浊。热去津液未还，已履坦途，再清余邪以善其后。

益元散二钱（荷叶包），川贝一钱半，鲜竹茹二钱，茯神三钱，生苡仁三钱，花粉三钱，扁豆衣三钱，通草八分，陈茅根三钱，炒橘红一钱半，鲜荷梗一尺（切断）。

【按语】以上两例，皆系暑温入营之证，但邪势深浅不一，故治亦有异。金某一案，症见壮热面赤，渴饮多汗，然内无痰浊夹滞，故虽有谵语，而神识有时尚清，为气分之热偏重，用清营透泄即见转机，继以泄热生津而获向安。第二例徐姓幼婴，年才周岁，稚体本弱，抗邪无力，暑热深陷厥少二阴，酿痰动风，以致昏痉厥闭，险象环生。故在清热之中，着重豁痰镇痉，始得化险为夷。前后两案，一则在于救气津之伤，一则在于开痰热之闭。读者可以互相参看。

例3

秦某，男，21岁。7月，昌化。

暑温汗出壮热不退，头昏而胀，渴欲冷饮，面垢烦闷，小溲短赤，脉来濡数，舌绛苔黄。暑热蕴蒸阳明，仿白虎汤法。

生石膏八钱（杵，先煎），知母三钱，青连翘三钱，银花三钱，鲜生地五钱，花粉三钱，益元散三钱（荷叶包），淡竹叶二钱，赤苓三钱，淡子芩一钱半，广郁金一钱半。

二诊：热退不多，口渴索饮，神烦不安，脉濡数，舌尖边绛，苔黄燥。阳明蕴热未清，而气津已伤，再以白虎加人

参法继之。

西洋参二钱（先煎），生石膏一两（杵，先煎），知母三钱，银花三钱，连翘三钱，花粉三钱，鲜生地五钱，原干扁斛三钱（劈，先煎），淡竹叶二钱，淡子芩二钱，六一散三钱（荷叶包）。

三诊：热势已去其半，口干舌燥亦差，脉濡数，苔黄燥，阳明暑热有清泄之渐，再拟甘寒生津，并清余热。

西洋参一钱半（先煎），银花三钱，鲜生地四钱，知母三钱，生石膏八钱（杵，先煎），鲜芦根一尺（去节），连翘三钱，花粉三钱，六一散三钱（荷叶包）广郁金一钱半，生苡仁四钱。

【按语】暑热留恋气分，初诊汗出不解，壮热烦渴，为白虎汤之主证；因邪势鸱张，气液两伤，故难速解。二诊原方加西洋参，益气生津。服后正胜邪却，病即霍然。

附：暑湿案

例1

蒋某，女，27岁。7月，余杭。

日间冒暑受热，夜来露宿感凉，初起形寒，继而壮热无汗，头胀而痛，胸闷欲呕，周身关节酸痛，脉象浮弦而数，舌苔白薄。暑为表寒所遏，阳气不得伸越，先拟疏表。

杜苏叶一钱半，防风一钱，广藿香三钱，佩兰三钱，蔓荆子二钱，青蒿二钱，白蒺藜三钱，银花一钱半，六月霜三钱，夏枯草三钱，丝瓜络五钱。

二诊：服药后汗出，身热大减，胸闷未宽，脉象转缓，舌苔薄腻，暑热尚未尽除，再拟宣化继之。

广藿梗二钱，佩兰二钱，制厚朴一钱半，炒枳壳一钱半，陈皮二钱，云苓四钱，陈青蒿二钱，丝瓜络三钱，淡竹叶三钱，六一散三钱（鲜荷叶包），夏枯草三钱。

【按语】先暑后凉，卫阳被遏，症见形寒无汗，肌肤灼热，故治用苏叶、防风发汗解表；暑必夹湿，又佐芳香辟浊。服后得汗，形寒即解，身热顿减。续进正气散 2 剂，暑湿尽除而愈。方中的蒺藜一味，叶老常用于表证肢节酸痛，取其散风通络，效果颇显。

例 2

于某，男，18 岁。6 月，于潜。

身热五日，汗出不解，头昏而胀，胸脘痞闷，不时泛恶，口渴不喜多饮，小溲短赤，脉濡数，苔白腻。暑邪夹湿，气机郁阻，治拟清暑化湿。

青连翘三钱，银花三钱，飞滑石三钱（荷叶包），清水豆卷三钱，鲜佩兰三钱，广藿梗一钱半，淡竹叶三钱，苡仁四钱，赤苓三钱，通草一钱，白芷尖一钱。

二诊：前方服后，身热略减，胸宇塞闷已宽，口渴欲饮，苔转薄黄，脉数，湿化热留，再拟清暑泄热治之。

大豆卷三钱，青连翘三钱，青蒿子一钱半，银花三钱，淡竹叶三钱，赤苓三钱，鲜芦根一尺（去节），佩兰二钱，黑山栀二钱，川石斛三钱，六一散三钱（荷叶包）。

【按语】王孟英谓"暑令湿盛，必多兼感"。患者为暑热夹湿，症见头昏而胀，胸宇塞闷，渴不喜饮，虽汗出热仍不解。初诊用清暑化湿，而以化湿为重，服后头胀顿减，胸闷亦宽，口渴欲饮，苔转薄黄，乃湿去热留，故二诊重在清暑泄热，续服 2 剂而愈。

（四）伏暑案

例1

吕某，男，19岁。8月。

伏暑秋发，微寒壮热，上午体温38.6℃，下午热度高达39.8℃，虽见微汗，热仍不解，头痛鼻塞，咳呛胸闷，不思饮食，渴饮不多，舌苔薄黄，脉象滑数。先拟清解化湿。

清水豆卷四钱，桑叶三钱，青蒿二钱，佩兰三钱，酒炒黄芩一钱半，飞滑石四钱（包煎），夏枯草三钱，杏仁三钱，清炙前胡二钱半，炒牛蒡子一钱半，浙贝三钱。

二诊：前方连服2剂，汗出较多，壮热未退，颈项胸宇之间已有白痦显露，胸闷虽得较宽，咳呛反甚，痰多黄韧而带血丝，口渴喜饮，小溲黄短，大便4日未下，舌苔中黄微燥，尖边俱绛，脉象滑大而数。拟白虎汤加味。

生石膏五钱，肥知母三钱，生甘草六分，青连翘三钱，黄芩一钱半，飞滑石四钱（包煎），清水豆卷四钱，牛蒡子二钱，白杏仁三钱，清炙前胡二钱，冬瓜仁三钱半，鲜芦根二尺，荷叶一角。

三诊：昨方服后，热度稍退，脉舌如故，白痦渐达四肢，唯咳呛仍频，痰不易出，胸胁刺痛，大便得下无多，小溲尚短而赤。原方出入再进。

生石膏五钱，肥知母三钱，川贝二钱，青连翘三钱，橘红一钱八分，滑石四钱（荷叶包），清炙前胡二钱半，淡竹叶二钱，刺蒺藜二钱半，鲜芦根一尺五寸。

四诊：服2剂后，白痦四肢已见，但热度尚高，且不见汗，咳嗽胸闷，口渴喜饮，便转溏薄，小溲短赤，入夜神烦

不寐，舌绛，脉数。慎防神昏谵语。

黑山栀三钱，连翘（带心）四钱，飞滑石四钱（荷叶包），川贝母一钱半，牛蒡子一钱八分，橘红一钱半，淡竹叶二钱，苡仁四钱，大豆卷四钱，白蒺藜二钱半，鲜芦根一尺五寸。

五诊：前方服2剂后，痦已透澈，热度渐降，胸闷得宽，渴饮亦减，昨晚睡眠转佳，二便渐趋正常，唯肺失清肃，咳呛未绝，苔薄黄，脉滑。再清余热，佐以宣肺。

炒香枇杷叶四钱（去毛包煎），冬瓜仁四钱，蜜炙前胡二钱半，橘红一钱八分，蛤壳五钱，鲜竹茹四钱，青蒿二钱，佩兰二钱，白杏仁三钱，茯苓三钱，牛蒡子一钱半，干芦根五钱。

【按语】初诊治用清宣化湿，汗出寒撤，但壮热未退，且白痦显露。王孟英说："湿热之邪，郁于气分，失于轻泄，幸不传及他经，而从卫分发白痦者，治当清其气分之余邪。"是以二诊佐入白虎以清气透表，服后热稍退，痦透达于四肢。唯肺卫之气仍未宣畅，四诊时热度又高而无汗，且增胸闷咳嗽，因而再投清热宣透渗利之剂，服后湿化热解，白痦尽透，热亦趋退，病即霍然。

例 2

孙某，女，63岁。8月，余杭。

秋凉引动伏暑，形寒发热，倦怠乏力，头昏眼花，咽红而痛，脉滑数，舌红苔黄。暑湿内伏，既不能外达，又不能从下而解。拟清热化湿，参以疏泄。

青连翘三钱，银花二钱，炒牛蒡子三钱，薄荷叶一钱半（后下），青蒿三钱，鲜芦根一两（去节），佩兰三钱，冬瓜仁三钱，桔梗二钱，生甘草一钱，秦艽三钱。

二诊：形寒发热已除，头昏并减，而倦怠乏力如故，大便溏泄，邪有出路，脉弦苔黄。再以清热化湿继之。

青连翘三钱，银花三钱，鲜芦根一两（去节），川连八分，淡子芩二钱，淡豆豉三钱，川石斛四钱，冬瓜仁四钱，竹茹三钱，鲜茅根一两。

例3

王某，女，40岁。9月，昌化。

素体阴虚，木火过盛，势必刑金，曾患咯血之症。时届三秋，燥气司令，肺阴更虚，又兼暑湿内伏，复感新凉，三气夹杂，始时寒热纷争，继而但热无寒，半月未解，胸闷体痛，烦渴不已，胸前见有白痦，脉象滑数兼弦，来虽有力，去则无神，舌质光绛，中有裂纹。正虚邪盛，胃阴大伤，急以待救。唯脉见滑势，宜防痰热胶结而生他变。宗露姜饮，扶正散邪，兼清痰热。

别直参三钱（煎就后，露一宿，翌晨和入姜汁十滴先服），米炒麦冬三钱，川贝三钱，扁石斛三钱（劈，先煎），知母四钱，元参四钱，陈青蒿二钱，冬瓜仁四钱，生蛤壳六钱，鲜芦根一尺（去节），花粉一钱半，佩兰二钱，鲜竹茹三钱，灯心四十支。

二诊：服露姜饮后，病势转机，热度减低，津液渐复，痦点晶莹，邪从外达。胃气初苏，稍啜糜粥，脉象虽弦，较前有神，舌质转润，尚见光泽。午后热势略高，口干唇燥，头昏耳鸣。再拟清滋肺肾，佐以和中。

米炒麦冬四钱，川贝一钱半，元参三钱，细生地四钱，制首乌五钱，青蒿二钱，扁石斛三钱（劈，先煎），怀山药三钱，生龟板五钱（先煎），茯神五钱，生谷芽二钱半，熟谷芽二钱半，生白芍三钱。

三诊：里虚伏邪，非攻表可以了事，邪蓄既深，元气不能抵御，已成喧宾夺主，服前二方后，元气渐复，热势渐退，脉象转缓，食亦知味，心肾交和，寐况已佳，舌质红绛已退，唯光滑如前，下午尚有潮热。再以甘寒濡养。

西洋参一钱半（先煎），米炒麦冬四钱，盐水炒细生地五钱，元参二钱，扁石斛三钱（劈，先煎），蛤粉拌炒阿胶三钱，生龟板五钱（先煎），米炒怀山药三钱，茯神五钱，陈皮一钱半，生谷芽二钱半，熟谷芽二钱半。

【按语】以上两则，均为伏暑秋发，前者症势较轻，又属初起，经用辛凉疏解，清热化湿，迅即热退而愈。后者素体阴虚，适值燥金司令，又加伏暑灼阴，阴伤更甚，乃致正虚邪实。综观本案力在初方，服后正气渐振，邪得外达，病势由此转机。曾见叶老用露姜饮法，有三例，一为久疟不已，正气已虚，服露姜饮一剂即愈；次为冬温患者，正虚邪恋，身热二旬未退，亦予露姜饮，病势立见好转；再次即本例。惜前二例，因病历散佚，无法整理。

（五）秋燥案

例 1

章某，女，32 岁。9 月。杭州。

肝阳过盛，木火内炽，上刑于肺，肺阴受戕，今春曾经咯血，入秋以来，燥气凌之，小有寒热，咳嗽频频，痰中带血，脉象左弦右芤，舌苔中黄边白。燥气偏胜，邪在肌表，先拟辛凉透泄。

冬桑叶二钱，甘菊二钱，甜杏仁三钱（杵），川贝三钱，冬瓜仁三钱，天花粉三钱，枇杷叶四钱（包），原干扁斛二钱（劈，先煎），炒白薇三钱，淡子芩炭一钱半，旱莲草三

钱，甜水梨一个。

二诊：表邪得解，寒热已除，脉象仍然如前，咳嗽早晚尤甚。肝肾之阴不足，水不涵木，木叩金鸣，血络内伤。如今表邪已解，当戗肝阳，佐润燥金。

杭甘菊二钱，川贝三钱，白石英六钱（杵，先煎），天花粉三钱，炙白薇三钱，甜杏仁三钱（杵），旱莲草三钱，白芍一钱半，制女贞子四钱，盐水炒丹皮一钱半，青盐制陈皮二钱。

三诊：前用润金滋燥，咳去大半，奈肺阴已伤过久，肝阳一时难平，痰中仍然夹红，脉数而芤，舌苔燥白。再拟滋水涵木，清养肺金。

蛤粉炒阿胶三钱，白芍一钱半，甜杏仁三钱（杵），天冬三钱，白石英五钱（杵），天花粉三钱，盐水炒细生地五钱，甘菊二钱，旱莲草四钱，青盐制陈皮一钱二分。

本方服3剂，咳稀咯血亦止。四诊处方以原法去甘菊、白芍，加白薇二钱，制女贞子三钱，服4帖后渐愈。

【按语】患者曾经咯血，素体阴亏，又受秋阳以曝，发为温燥。燥自上伤，肺先受病，故见身热咳嗽，痰中带血等症。初诊用桑杏汤加减，为温燥之正治法。二诊寒热悉清，但阴虚未复，虚阳难平，故改用养阴润燥，滋水涵木，以治其本。叶老有经验方养金汤，用蛤壳、冬瓜仁、天冬、川贝、白薇，治肺阴不足，久咳不愈颇效。

例2

翁某，女，33岁。9月，绍兴。

近年小产二次，肝肾阴亏，八脉失和，已可想见。阴虚不复，经血不充，冲海空虚，任脉早病。迩来新产，调儿辛劳，眠食失时，不足之躯，又感秋燥，上乘犯肺。形

寒身热，胸闷气逆，咳嗽痰稠，时见干呕，风阳内扰，寐不安宁，鼻孔干燥，筋络掣痛，更衣不润，口渴欲饮，不思纳谷，脉来弦细，舌质绛，苔黄燥。阴虚于前，风扰于后。拟辛凉咸寒并用。

羚羊角尖五分（先煎），冬桑叶二钱，白杏仁三钱（杵），青连翘四钱，川贝三钱，甘菊二钱，天花粉三钱，扁石斛三钱（劈，先煎），冬瓜仁四钱，鲜竹茹三钱，蛤壳六钱，橘红一钱半，白茯苓四钱。

二诊：邪达肌表，从汗而解，寒热之争，所存无几，木火渐熄，已不刑金，肺得清肃，咳逆顿减，脉转弦滑，津液来复，渴饮见差。唯痰伏尚多，又夹食滞，明知其虚，不能贸然进补，非特留邪，且有中满之虑。再宜两清肺胃，为急标缓本之图也。

原干扁斛三钱（劈，先煎），川贝二钱，冬瓜仁四钱，天花粉三钱，云茯苓四钱，甘菊二钱，甜杏仁三钱（杵），炒橘红一钱半，莱菔子一钱半，炒谷芽三钱，青连翘三钱。

【按语】燥证有内燥外燥之别，而外燥之中，更有凉燥温燥之分。凉燥近乎风寒，温燥类似风温。此本体衰阴虚，木火易炽，复感温燥，则化火灼津，最易动风，而生变端。故在辛凉清润之中，复佐羚羊一味，清肺凉肝，以熄内风内火，标急于本，择要先治。

吴某，男，8岁。9月，余杭。

患感秋燥，肺失清肃，形寒身热，咳嗽气逆，胸部隐痛。肺热移于大肠，大便燥结，脉微数，苔燥白。治燥以滋润为主，如今表邪未解，仍须辛凉透达。

桑叶一钱半，白杏仁三钱（杵），青连翘二钱，薄荷八分（后下），淡豆豉二钱，生粉草五分，桔梗八分，原干扁斛三钱

（劈，先煎），枇杷叶四钱（拭包），苡仁三钱，橘红一钱半。

二诊：见汗热退，咳嗽已稀，胸痛已减，而唇舌干燥如故，大便仍然未通，矢气频作，脉见小弦。热退津液未还，再拟润肺疗咳。

原干扁斛三钱（劈，先煎），天花粉三钱，枇杷叶四钱（拭包），象贝母三钱，冬瓜仁四钱，苡仁四钱，甜杏仁三钱（杵），生蛤壳五钱，生粉草八分，桔梗八分，炙橘红一钱半。

【按语】本例为外燥中之温燥。病系初起，故先用宣肺透表，继以辛凉甘润，药取轻清，燥气自平而愈。

（六）冬温案

例

林某，男，36岁。12月，余杭。

禀体素虚，又感冬温，乘时而发，始时恶寒身热，渐即热盛无寒，由午至暮，热势加增，咳嗽气逆，胸膈烦闷，有痰不易外吐，脉象弦滑而数，舌绛，苔黄中灰而燥。病属冬温夹痰，痰热胶结，热依痰为关隘，痰据热为护符，合则势甚，分则势孤。治拟清热涤痰。

青连翘三钱，元参三钱，鲜石斛三钱（劈，先煎），川贝三钱，莱菔子三钱（杵），银花三钱，炒牛蒡子三钱，白杏仁三钱（杵），枇杷叶四钱（拭，包），青黛三分拌蛤壳六钱，葛根一钱半，竹沥二两（入姜汁八滴，分冲）。

二诊：见微汗而热显减，热不恋痰，痰松能吐，咳嗽亦稀，无如燔灼之下，津液不无受劫。口苦咽燥，更衣虽通，小溲短少，脉转缓滑，舌苔灰垢亦蠲。仍宗前意，略增甘寒继之。

冬瓜仁四钱，元参三钱，辰砂拌麦冬四钱，生甘草一钱半，炒大力子三钱，桔梗一钱，天花粉三钱，川贝三钱，鲜石斛三钱（劈，先煎），丝通草一钱半，浮海石三钱。

【按语】冬日应寒反温，感非时之暖，发为冬温，属新感温病。初起在卫，畏寒较重，嗣后热盛无寒，舌质绛，苔灰黄而燥，温邪业已入气。脉象弦滑而数，滑则为痰，数则为热，痰热互蕴，胶黏不易外吐。故在透达之中，佐入清化痰浊，服后热势显减，痰浊得化。但热灼阴伤，症见口苦而燥，小溲短少，又去苦寒易甘寒，以养肺胃。

附：风斑案

例1

丁某，女，38岁。2月，嘉兴。

湿热内蕴，风邪外袭，形寒身热，数日未退。始则胸脘满闷，腰背骨节酸痛，继而遍体风斑作痒，口渴喜饮，胃纳不振，溲赤便秘，舌苔黄腻，脉象浮数。先拟解肌清热化湿。

粉葛根一钱半，紫背浮萍二钱半，蝉衣一钱半，秦艽二钱，白蒺藜三钱，白鲜皮三钱，生苡仁四钱，青蒿梗三钱，飞滑石四钱（包），带皮苓四钱，川石斛三钱，淡竹叶二钱半。

二诊：前方服后，风斑续透，胸脘满闷得宽，骨节酸痛轻减，渴饮已差，二便通利，饮食得增。唯肺不肃降，又增咳嗽，咽痒痰多，舌苔黄腻转薄，脉象浮数。再拟肺胃同治。

桔梗一钱半，炒牛蒡子二钱，清炙前胡二钱半，象贝三钱，粉葛根二钱，白蒺藜三钱，蝉衣一钱半，天花粉二钱，

生甘草五分，白鲜皮三钱，干芦根六钱。

三诊：形寒身热已瘥，风斑渐退，而肺气未宣，咳嗽日夜不宁，咳甚胸背刺痛，舌苔薄黄，脉滑。清宣肺气继之。

炒牛蒡子三钱，泡射干一钱二分，苦杏仁三钱（杵），炒枇杷叶四钱，清炙前胡二钱半，清炙冬花三钱，蝉衣一钱半，炒甜葶苈子二钱（杵包），盐水炒橘红二钱，白蒺藜三钱。

【按语】内有湿热，外受风邪，湿为风引，着于肌肤，而成风斑。方用清热化湿，解肌透表，乃肺胃两清，里外分消之法也。

例 2

孙某，男，35岁。6月，杭州。

初起形寒，继而身热，稍有数声咳嗽，渴不喜饮，纳食不佳，遍身骨节酸楚。昨现风斑，隐于肌肤，痒而喜搔，面颊微肿，脉象浮数，舌苔薄白。风湿相并，郁于肌表，邪已化热。治拟清热宣肺，透表行湿。

麻黄一钱半，白杏仁三钱（杵），浙贝母三钱，蝉衣一钱半，苡仁四钱，白蒺藜三钱，地肤子四钱，白鲜皮二钱，生甘草一钱半，炙陈皮二钱半，秦艽二钱。

二诊：前方服后，汗出身热已解，咳嗽差减，斑块续现，脉象濡缓，苔薄白。前方已效，原法出入。

麻黄一钱，白杏仁三钱（杵），生甘草一钱二分，生苡仁四钱，白鲜皮三钱，紫荆树皮三钱，地肤子四钱，秦艽二钱，白蒺藜三钱，丝瓜络五钱，蝉衣一钱半。

三诊：斑块渐消，瘙痒亦差，咳嗽无几，肢节酸痛减轻，脉浮苔白。再清余邪。

炒枇杷叶四钱，白杏仁三钱（杵），生苡仁四钱，地肤

子三钱（包），白鲜皮三钱，炒橘红一钱半，浙贝母三钱，冬瓜子皮各三钱，前胡二钱，秦艽一钱半，白蒺藜三钱，生甘草一钱。

【按语】风斑乃由风湿两乘，郁热于表所致。用《金匮》麻杏苡甘汤加蝉衣、地肤、白鲜、秦艽、蒺藜等共奏清热宣肺，祛风化湿之效，俾风从表散，湿随汗泄，则热清风斑自消。

例3

钱某，男，17岁。8月。

寒湿内蕴，外夹风邪，形寒肢冷，身热头痛，疹发全身，隐见无常，皮肤作痒，腰背酸楚，脘闷食减，腹内阵痛，口不渴饮，便艰，溲清，脉浮弦，舌苔薄白。先拟疏风散寒，佐以宽胸化湿。

桂枝尖八分，粉葛根一钱半，鹿角霜一钱半，制苍术一钱半，带皮苓四钱，五加皮四钱，白鲜皮三钱，蝉衣一钱二分，白蒺藜三钱，瓜蒌皮三钱，浙贝母三钱，紫背浮萍一钱半。

二诊：前方服2剂后，形寒身热已减，疹发未透，风湿尚未尽达，是以脘闷未宽，纳谷不馨，腹中仍有隐痛，头目尚感昏眩，小溲短少，舌苔白，脉浮缓。原法加减再进。

制苍术二钱，藿香梗二钱，蝉衣一钱二分，炒秦艽二钱，白鲜皮三钱，焦苡米四钱，制川朴八分，焦山楂三钱，佩兰三钱，炒刺蒺藜三钱。

【按语】该患者系内有湿蕴，外袭风寒而诱发，故不独风疹遍发全身，且兼有脘闷腹痛之症。叶老用疏风散寒，宽胸化湿之剂，乃表里兼施之法。

湿 温 证

　　江南多湿，湿温是当地外感热病中较常见又缠绵难愈的一类病证，叶老治疗湿温有其独到的辨证治疗经验。

一、注重病邪的特性和湿热的偏胜

　　湿温系感受湿热病邪所致，由于湿为阴邪，其性黏腻，形成淹滞难化的特殊性质和"湿遏热伏，热在湿中"的病理特点，构成湿温一证在证候变化与病机演变方面所具有的起病急、病程长、变证多而缠绵难愈等种种特征。盖湿邪阴滞，易损人阳气，若与热合，相互搏结，又能化热化燥，耗伤津液。叶老治疗湿温十分强调湿热二邪之孰多孰少，重在鉴别湿重于热、热重于湿、湿热并重及化燥与否等病证变化，辨病邪之深浅，探津液之存亡。治疗中非常注意湿邪之特性，遵叶香岩"或透湿于热外，或渗湿于热下，使不与热合，其势孤矣"的理论，采吴鞠通"气化则湿化"的治法，主张清热必先化湿，化湿必先调气。凡湿重者治疗以化湿为首务；湿热并重而热势较著者，强调热在湿中，徒清不应，治以分消为法；湿温不羁而伤津化燥者，宗吴氏"化气比本气更烈"之说，清热生津润燥的同时，仍然注意祛除未尽之湿邪。

二、辨舌苔、二便、白㾦见地独到

　　叶老治疗湿温采用三焦辨证为主，结合卫气营血与六经

辨证的方法，在辨证中十分注重对于舌苔、二便与白痦的观察，常据此以判断湿热之轻重，邪正之消长和病势之进退，作为立法处方的依据。

1. 辨舌苔

当邪在上、中二焦时，其辨证重在舌苔的变化，若气营同病或陷入营血时，则舌质的变化尤为重要。大凡湿温初起之上焦证，每多湿重热轻，舌苔以白腻为常见，或薄或厚不等。随着病情发展，逐渐内传，则舌苔亦随之变化，由白腻演变为黄腻。黄腻之苔主湿热俱盛，其证已入中焦。中焦湿温有湿重、热重以及化燥与否等种种病机变化，其舌苔亦有灰黄、焦黄与或腻或糙等区别，如若转为黄燥，属于湿从燥化，加以舌质变红，乃行将陷入营血之先兆。此外黄腻之苔尚有或薄或厚之不同，一般看法，苔薄者邪轻，苔厚者邪盛，如若苔见黄腻而厚，满布全舌，直抵舌尖，此系湿热壅盛，慎防内闭之变。再如黄腻而厚之苔积于舌中，延及舌根，或见焦黄，伴有便秘腹痛拒按或腹痛下痢，此为邪结阳明之腑，亦有可泄以逐之者。叶老认为四诊必须结合，治湿温除详察舌苔以外必须结合问诊，譬如了解患者之口渴与否，渴喜冷饮或喜热饮，以及饮水之多少，口味之变化等，以探其湿热之偏胜与津液之盈亏。对于舌质的观察，注意其红、绛、光、裂与润燥变化以判断邪热炽盛和津液耗伤之程度以及邪在气营或陷入营血等证候变化。临床中以舌红为热浅，舌绛为热深；若光绛无苔或仅见舌根少量焦黑之苔，此系津气两伤，正气溃败，每用移山参、西洋参、露姜饮以及麦冬、鲜石斛之类急急顾护正气；如舌见光绛而质裂，证属营阴大亏，常以增液汤合加减复脉辈滋填下焦为治。叶老指出湿温之邪蕴结不解，证见尖边舌色绛红，上罩黄腻之苔，

此为中焦之证，而非营分之候。若伏温初发，新感束表而营分热郁，则舌尖边绛而舌苔薄白，若温病初起而其人营阴素亏以致势将内传者，亦见尖边舌绛而苔薄白少津。故凡舌尖边绛红而上被黄腻之苔者，此为中焦湿温证之辨证要点之一，中焦湿温治当分消，若因舌绛而误作营热投以凉润，则反致壅遏，酿成他变。

2. 辨小便

叶老认为湿温证尤其在邪入中焦以后，了解病人的小便变化，在辨证上很有参考价值。凡小溲量少色赤质混，甚则小便不利，此乃湿无出路，不能渗湿于热下，势必酝酿助热致湿热胶合，其势愈横，故即使服药后汗出，身热稍挫，亦多未几复炽，因中焦湿热，当从下渗而不从汗解，必待尿量增多，色淡质清，方属湿由下泄，热自里清，湿热分消之良好转归。叶天士有云："热病救阴犹易，通阳最难，救阴不在血，而在津与汗；通阳不在温，而在利小便。"故叶老治湿温注重患者小便之量、色、质的变化，并据以判断病邪之消长进退，进行治疗。

3. 辨大便

叶天士曰："湿温病大便溏为邪未尽，必大便硬，慎不可再攻也，以粪燥为无湿。"此系指湿温邪退证减之际，判断湿邪之已尽与未尽而言。叶老鉴于湿温可以化燥的病机变化特点，十分注意患者的大便变化，以判断其湿热是否化燥伤津。认为病于湿者，小便不利而大便反快，湿热胶结而未从燥化，每见大便溏而秽浊，或如痢下，治宜苦寒淡渗如黄芩滑石汤、连朴饮之类。若湿从热化，津液被灼而热邪内郁，积于中焦，往往大便不通，腹胀脘痞，口气秽浊，脉沉实，苔焦黄燥厚，与阳明腑实者相似。亦有夹热下痢者，治

当苦泻，如朴黄丸之类加减以图之。如若热轻而燥著，改用调胃承气，重用玄明粉咸润下泄。其轻者，改以小陷胸汤之走泄。

4. 辨白痦

叶老常曰：白痦系太阴湿热之邪与阳明腐谷之气相合所致。盖湿温见痦，已非轻浅之候，乃属中焦之证，见痦者其邪必盛，痦出者病乃渐解，中焦湿温需借上焦肺气之宣达得以化痦外透，凡肺气之疏达，病邪之轻重，正气之强弱等，均系决定白痦的明晦、疏密、粗细，以及能否顺利外透的重要因素。阳明燥热多战汗而解，中焦湿温常化痦而透，战汗与化痦都是里邪外达的良好转归，唯战汗多一战而减，或再战而愈，白痦外透常一日数潮，须连透数日。随着白痦一再外透，其身热渐减，神情渐爽，证情逐日好转。若痦出不彻而又身热不减者，多属里邪壅盛，热为湿遏，多见胸宇痦闷，懊恼不安，势将内闭，亟宜疏达肺卫，使病邪随汗化痦而出。湿温见痦，始则现于胸项，粒少而疏，继则渐多渐密，遍及项背，或直达四肢，此属邪透之佳兆。但必须痦点饱满，大小匀均，晶莹清澈而有光泽，而且随着痦点之外透，热渐降而证渐安者为是。如若痦点粒小而疏，仅见于胸次，并见神倦，嗜卧，脉数无力等症，多系津气不足，正虚邪实，无力达邪外出之证，必用北路太子参、鲜石斛、鲜芦根、天花粉等，加入于清热化湿宣透剂中，急急扶正达邪外出为要。亦有痦点过粗过密，并见胸闷，烦躁，痦瘆不安，口气秽浊，或多日不便，或溏泻如痢者，乃属里邪壅盛，出入升降之机窒塞，恐有昏昧痉厥之变，急以凉膈散为主方，重用连翘、山栀、大黄、枳实、川朴等，清泄逐邪，疏利枢机，待便下或痢止以后，再以清热、化湿、宣透、生津之剂

为治。再有痦出不彻，胸宇痞闷，神倦嗜卧，渴不喜饮，便溏溲赤者，此为热为湿遏，气化受阻，肺失宣泄之故，则用三仁汤合黄芩滑石汤为主方出入施治。以上数则，都是叶老辨痦之要点。

三、用药以宣化渗清为大法

湿温证以邪从外透为顺，内陷入里为逆，故叶老治疗湿温之邪在中上二焦以及初入下焦营分者，俱以透邪外出为要务，并按湿邪之特性与湿热之间的因果关系，强调热在湿中，徒清不应，而以化气，除湿，清热为大法。临床中治上焦湿温用宣肺透表，达邪外出为主；中焦湿温以化湿清热，分消开泄为治；湿从热化初入营分，尚可清营透热，转气外出，并按湿温特点，酌情辅入生津化湿之品。盖热在湿中，徒清无益，欲清其热，先化其湿，欲化其湿，当先调其气，俾气行而湿化，热不与湿合，其势乃孤。故叶老治湿温常投苦辛芳香淡渗之品，以宣肺，化气，渗湿，清热为大法。

1. 宣肺透表

常用大豆卷、柴胡、葛根、蝉衣、牛蒡子、杏仁、淡豆豉等。良以湿为阴邪，湿温初起，邪遏肺卫，解表不用辛凉而改投辛温。又湿与热合，热为阳邪，则辛温解表又不宜太过。故叶老治疗湿温证，用以解表达邪之药物常采豆卷、柴胡、葛根三味。良以豆卷以麻黄汁拌制，改甘平为辛温，解太阳之表，治上焦湿温初起以发热，恶寒，无汗为主症者，恶寒较甚者，加苏梗。柴胡味苦微寒而味薄气升，为足少阳胆经表药，治寒热，自汗，口苦为主症者。葛根辛甘性平，轻扬升发，入阳明经开腠发汗，解肌退热，用以解阳明之表，治疗以壮热，无汗，微恶寒，渴饮，或微汗出而热不为

汗解为主症者。蝉衣、芫荽、牛蒡子宣肺气，透白痦。杏仁宣肃肺气，有利于白痦外透，与前胡、橘红、贝母合用，可以豁痰治咳，以免热与痰合，内蒙心窍。豆豉苦泄肺，寒胜热，发汗解肌，可与豆卷合用以增发散解表之力，合山栀成栀子豆豉汤，解表清热兼治神烦懊侬不安者。

2. 化浊宣窍

常用郁金、鲜石菖蒲、连翘心、藿香、佩兰、白蔻仁、安宫牛黄丸、牛黄至宝丹、紫雪丹等。郁金、鲜石菖蒲、连翘心，味苦辛，气芳香，化浊开窍醒神，凡湿热炽盛而神烦懊侬或并见谵语者，即当用此。或合安宫牛黄丸治湿温化燥而邪入心营以及温热证之邪入心包者；或合牛黄至宝丹治热多湿少而初入心包之神识时昏时昧者。菖蒲、郁金、蔻仁、佩兰亦治湿热困阻，气机痹窒之胸脘塞闷。蔻仁、菖蒲、藿香合杏仁、牛蒡子、米仁宣散上焦湿热，亦治中焦湿温热少湿多而肺胃气窒以致痦出不彻者。

3. 淡渗除湿

常用生米仁、滑石、芦根、淡竹叶、茯苓、通草等。湿重热轻用米仁、茯苓、通草之淡渗。湿热并重选米仁、滑石、芦根、淡竹叶，合连翘、黄芩两清湿热。对于热多湿少或湿从燥化而归属阳明者，少量应用淡竹叶、茯苓等淡渗微苦之品掺入泄热荡积剂中，或与黄芩、黄连、银花、连翘等合用，以除其未尽之湿邪，并酌情加入鲜石斛、天花粉与知母等甘寒濡养，补其已伤之津液。若一旦湿热化燥，吸尽西江，津液枯涸而邪陷营血，疾病性质与温热营血证类同，断无再用渗利除湿药物之由。

4. 清解热邪

常用连翘、黄芩、山栀、银花、知母、石膏、黄连、大

黄与鲜生地、丹皮、犀角、羚羊角等。其中以连翘与黄芩二味最为常用。连翘苦寒微辛，清中寓散，若与连翘心同用，又能清心宣窍，开热闭治神昏，在湿温上中下三焦证中都宜应用。黄芩上清肺热，下清大肠，且又苦味能够燥湿，此药主用于湿温上中二焦之证候，临床应用时合柴胡治湿温寒热不解，配芍药疗湿热致痢，与滑石、淡竹叶等同用能分消湿热，对于中焦湿热证尤为相宜。山栀苦寒，横解三焦，又能燥湿，泻心肺之邪热，使之屈曲下行由小便去，用于湿温中焦证或将入中焦之湿热并重与热多于湿者，以症见身热不解而口干，懊憹不安，舌苔微黄者为宜。此药合米仁除湿，配豆豉除烦，与茵陈同用治湿热黄疸。此外如湿热邪盛用黄连，热结胃腑用大黄，化燥伤津加知母，湿热伤络投银花，壮热汗多烦渴加入生石膏。如若湿热化燥而陷入营血，治法与温热证相近，亦常用鲜生地、丹皮合玄参、麦冬辈合成清营、清宫诸法以清营凉血为治，或加犀角清心凉血，或加羚羊角凉肝息风，以及钩藤、玳瑁等均可随证加入。叶老治疗湿温证时对于清热药的应用十分谨慎，犹恐苦寒太过而外遏卫阳，内伤中阳，导致阳弱而湿无以化，气虚而白痦难以透。特别在高热不解，行将化痦，或正值白痦渐透渐解之际，切忌过用寒凉而遏阻病邪外透之机，治疗总以轻开淡渗微苦为法，至于所用黄芩、连翘的剂量亦不过10克而已。这样的理论见解与用药方法才真正体现了中医的特点与特色，请看以下所载之医案，有不少危重的热病，在叶老治疗下，力挽狂澜，转危为安。

此外，叶老在治疗湿温时应用扶正补虚药也具显著特色，常用有天花粉、石斛、细生地、玄参、麦冬，以及西洋参、别直参、移山参、野山参等。凡邪入中焦而津液有伤

者，酌加甘寒凉润之花粉、石斛、麦冬。对于石斛之应用十分讲究，湿热俱盛而津伤，或滞下血痢者用鲜扁石斛；热盛津伤或虽夹湿而邪轻故大便不溏者用鲜石斛；邪盛正虚致津气两伤者用霍山石斛；病后调养用于胃阴不足者用川石斛。以上诸斛常与天花粉同用，生胃津，濡胃燥。湿温中焦证属于湿热盛而正气大伤，无力达邪外出，以致痦出不畅者，仿吴鞠通露姜饮法，用别直参浓煎滴入姜汁少许，露一宿而服之，或与西洋参合用，或以北路太子参代之，急急扶正达邪，以防内闭。以上诸参常与霍山石斛或鲜石斛、麦冬等同用。对于邪入下焦业已化燥者，已成吸尽西江之势，治用厚味滋养，其用药方法与温热营血证类同，不复赘述。

四、病案举例

例1

丁某，女，47岁。6月，杭州。

湿温一候，身热朝轻暮重，痦出未透，胸宇塞闷，沉困嗜卧，渴饮不多，大便溏薄，小溲短赤，舌尖绛，中白腻，脉滑数。宜化湿透痦。

赤苓三钱，白杏仁三钱（杵），炒苡仁四钱，制厚朴一钱，青连翘三钱，大豆卷三钱，淡竹叶三钱，炒大力子一钱半，淡子芩一钱半，飞滑石四钱（包），鲜芦根一尺五寸（去节）。

二诊：汗出白痦显露，身热未退，渴饮溲短，脉象滑数，舌苔黄腻。湿温化痦，邪在气分，治当清解。

青连翘三钱，淡子芩一钱半，益元散三钱（包），川石斛四钱，炒橘红二钱，苡仁四钱，淡竹叶三钱，青蒿梗二钱，白杏仁三钱（杵），赤苓四钱，瓜蒌皮三钱，鲜芦根一尺五寸（去节）。

三诊：白痦透达，热势渐退，胸闷较宽，渴饮亦差。唯昨日又增咳嗽，湿化余热未清，苔腻转薄。再拟两肃肺胃。

白杏仁三钱（杵），瓜蒌皮三钱，前胡二钱半，知母二钱半，益元散三钱（包），川石斛三钱，苡仁四钱，赤苓四钱，泽泻二钱，陈芦根五钱，猪苓二钱。

四诊：热退痦回，诸恙渐愈，并思纳谷，舌净，脉象缓滑。再拟清养肺胃。

米炒上潞参二钱，川斛二钱，益元散三钱（包），谷麦芽各三钱，白杏仁三钱（杵），广郁金一钱半，炒橘红二钱，红枣三枚。

【按语】本例症见沉困嗜卧，舌苔白腻，渴不多饮，大便溏薄，为湿重于热，邪郁气分，故以三仁汤开泄湿邪，佐以辛凉解热，服后白痦随汗出，邪得外达。

至三诊陡增咳嗽，乃余热未清，肺失肃降也。

例2

谭某，男，23岁。7月，杭州。

身热两候未解，朝轻暮重，胸闷懊侬，口渴喜饮，神识似清似昏，入夜喃喃自语，胸前虽见痦点，但细小不密，两脉濡数，舌尖边绛，苔黄燥。湿热蕴蒸气分，漫布三焦，奈禀体素虚，正不敌邪，致痦难透达，有内陷之虑。亟拟扶正祛邪，标本兼治。

北路太子参二钱，扁石斛三钱（劈，先煎），青连翘四钱，川贝三钱，鲜芦根一两，天花粉三钱，蝉衣一钱，炒牛蒡子三钱，茯神四钱，苡仁四钱，通草一钱半。

二诊：服前方，热势虽减，胸闷如前，痦仍不多，至夜昏沉嗜卧，脉濡而数，苔黄燥。正虚邪盛，原法继之。

北路太子参三钱（先煎），炒於术一钱半，霍山石斛一钱

半（先煎），川贝三钱，炒牛蒡子三钱，黑山栀三钱，广郁金二钱，青连翘三钱，茯神四钱，天花粉三钱，干芦根五钱。

三诊：服前方2剂后，胸颈瘖点满布，色泽鲜明，热势递减，懊恼已除，神清寐安，大便溏薄不爽，脉象弦数，舌苔黄腻。湿热已从外达，再拟标本兼顾。

米炒上潞参三钱，苡仁三钱，青连翘四钱，赤苓四钱，炒牛蒡三钱，白蔻仁八分（杵，后下），黑山栀三钱，飞滑石三钱（包），淡子芩二钱，淡竹叶三钱，广郁金二钱（杵）。

四诊：热退，神安得寐，胸闷虽宽，不思纳谷，大便转干，脉濡软，舌苔薄黄。湿热得化，正虚未复，调理脾胃以善其后。

米炒上潞参三钱，苡仁三钱，茯苓神各三钱，炒竹茹二钱，原干扁斛三钱（劈，先煎），川贝一钱半，新会皮一钱半，通草一钱半，米炒怀山药三钱，炒麦芽三钱，炒神曲二钱（包）。

例3

章某，男，35岁。5月，杭州。

湿温一候，身热不退，头昏而重，渴不多饮，胸闷不思纳谷，神倦少言，颈项胸前见有瘖点，小溲短赤，脉弦滑而数，舌苔黄腻。湿热蕴郁气分不解，拟用清热化湿透泄之法。

青连翘三钱，白蔻仁一钱（杵，后下），炒牛蒡子三钱，苡仁四钱，鲜佩兰三钱，飞滑石三钱（包），云茯苓四钱，淡子芩二钱，广郁金二（钱杵），淡竹叶二钱半，鲜芦根一两（去节）。

二诊：胸前瘖点满布，色泽晶莹，身热始减，痞闷方宽，而舌苔仍然黄腻，脉滑而数。湿热之邪，氤氲黏腻，不

易骤化。再拟原法继之。

青连翘四钱，黑山栀三钱，蝉衣一钱半，炒牛蒡子三钱，淡子芩二钱，鲜芦根一两（去节），通草一钱半，白蔻仁一钱（杵，后下），赤苓四钱，广郁金二钱（杵），苡仁四钱。

三诊：二进清热透泄，身热尽退，胃气苏醒，已思纳谷，脉见缓滑，舌苔微黄。湿热已从表里分消，再以和中健胃，宣化余邪。

仙露半夏二钱半，云苓四钱，干芦根五钱，炒麦芽四钱，新会白一钱半，苡仁四钱，原干扁斛三钱（劈，先煎），广郁金二钱（杵），炒竹茹二钱，猪苓二钱，通草一钱半。

【按语】白痦为湿热蕴郁气分而成，湿热证中所常见，透达之际，往往与病情进退有关，尤其色泽之荣枯，多为邪正盛衰之表示。试观上列两案，章姓患者，痦点晶莹，正气未伤，投轻清透泄之剂，邪即外解而愈；谭姓患者，痦出细小不多，气津已伤，欲透无力，故于清透之中，加用参、术、霍斛，扶正托邪，乃得痦透神清，湿化热解。

例4

倪某，男，30岁。6月，杭州。

湿温三候，身热不解，有时神昏谵语，渴而喜饮，口气臭秽，大便旬余未解，小溲短赤，脉象沉数，舌苔黄燥。阳明腑实，急以清热荡积。

带心连翘三钱，黑山栀三钱，制大黄二钱半，厚朴一钱，炒枳实一钱半，元明粉四钱（分冲），花粉三钱，淡竹叶二钱半，茯苓四钱，灯心三十支。

二诊：昨投承气加味，服后大便已下，小溲由赤转黄，身热顿减，苔转薄黄而润，脉象滑数。再拟清热化湿。

清水豆卷三钱，藿梗一钱半，淡子芩二钱，赤苓四钱，淡竹叶二钱，苡仁三钱，天花粉三钱，银花三钱，益元散三钱（荷叶包），佩兰二钱，川石斛三钱。

三诊：身热已退，湿未尽化，神倦嗜卧，不思饮食，脉转濡缓，舌苔白腻，大便虽能自下，小溲仍然短少，并有数声咳嗽。再拟渗湿兼以宣肺化痰。

淡竹叶一钱半，泽泻二钱，白蔻仁一钱（杵，后下），猪苓二钱，益元散三钱（荷叶包），佩兰二钱，白杏仁三钱（杵），赤苓四钱，炒香枇杷叶四钱（包），苡仁三钱，前胡二钱。

例5

蒋某，男，21岁。6月，余杭。

湿蕴化热，热伏阳明，壮热无寒，头剧痛，痛在正面，胸次窒闷，口渴索饮，大便秘结，脉数而实，舌苔黄燥。邪不在表，故虽得汗，热仍不解，阳明实热之证毕见。亟拟大承气汤加味。

生锦纹三钱，枳实一钱半，制川朴一钱，元明粉四钱（分冲），通草一钱半，原干扁斛三钱（劈，先煎），苡仁三钱，淡竹叶二钱，天花粉四钱，赤苓四钱。

二诊：昨投承气汤加味，大便已通，热势减低，口渴亦差，无奈湿邪窃据未逐，清旷失舒，胸次窒闷如故，脉数，舌苔薄黄。治拟泄热生津为继。

原干扁斛三钱（劈，先煎），花粉三钱，生枳壳一钱半，制军一钱，川朴一钱，大腹皮二钱，省头草三钱，银花三钱，淡竹叶一钱半，苡仁三钱，陈青蒿二钱，赤苓四钱。

三诊：湿浊熏蒸未艾，热势仍见起伏，渴喜冷饮，胸闷烦懊，夜来谵语，脉弦而数。势虑入营昏痉，再予芳香开逐，宣畅气机，俾邪从外达，以杜内陷之渐。

紫雪丹六分（吞），青连翘三钱，鲜菖蒲根二钱，鲜石斛三钱（劈，先煎），川贝三钱，炒牛蒡子三钱，金银花三钱，花粉二钱，元参三钱，白杏仁三钱（杵），茯神五钱，通草二钱。

四诊：热减神清，胸膈宽舒。内蕴邪热，始得外达，再以循序而进。

鲜扁斛三钱（劈，先煎），川贝二钱，辰茯神四钱，杏仁三钱（杵），淡竹叶一钱半，竹茹三钱，广郁金八分（杵），天花粉二钱，鲜石菖蒲根二钱，青蒿梗三钱，银花二钱。

五诊：余热渐退，神安得寐，渴止胸舒，唯邪退正虚，头昏耳鸣，纳食无味，舌苔薄黄，脉缓不弦。顾其胃先苏其困，得谷食以助元气。

省头草三钱，扁斛二钱（劈，先煎），炒香豉一钱，白蔻壳一钱半，生谷芽二钱半，炒谷芽二钱半，生鳖甲五钱，米炒麦冬三钱，茯神五钱，陈青蒿二钱，六神曲一钱半，小生地四钱。

六诊：余热未尽，津伤未复，头昏体痛，知饥少食，脉见小数，再拟清养继之。

细生地四钱，扁石斛三钱（劈，先煎），陈青蒿二钱，神曲一钱半，省头草二钱，生鳖甲五钱，米炒麦冬四钱，炒香豉一钱，地骨皮三钱，砂仁五分（杵，后下），生谷芽二钱半，炒谷芽二钱半。

七诊：大病初差，湿热尽化，胃津渐充，脉缓无力，头昏心悸，耳作蝉鸣，正虚未复，再当调理。

米炒上潞参三钱，生鳖甲五钱，辰茯神五钱，元参三钱，生白芍一钱半，神曲一钱半，生谷芽二钱半，熟谷芽二钱半，砂仁六分（杵，后下），豆衣三钱，细生地四钱，扁

石斛一钱半（劈，先煎），红枣三枚。

【按语】以上两例，皆为湿热夹实之证，治疗均先用攻下之法。倪姓患者，邪热较轻，在积滞排除以后，继用渗湿泄热，宜通气机，病遂向愈。至蒋姓患者，湿热业已化燥，虽经导下，而热势不减，且有谵语，故谓有入营之虑，三诊处方，用紫雪丹清热透泄，乃杜绝温邪之内陷，为病情转机之关键所在，服后热减神清，邪得外达，湿化热退而愈。盖湿温有忌下之诫，唯恐损伤中气，但以上患者，阳明燥实之证已具，如应下而失下，亦足以贻误病机，故须灵活掌握，不可拘泥。

例6

茹某，男，30岁。7月，杭州。

湿温一候，身热不扬，胸闷泛恶，神倦嗜卧，渴不喜饮，不思纳谷，脉濡而小数，舌苔白腻。湿遏热伏，热为湿郁，中阳受困，气机阻滞。拟四苓芩石汤法。

清水豆卷四钱，生茅术二钱，泽泻二钱，赤苓四钱，飞滑石四钱（包），苡仁三钱，淡竹叶二钱，猪苓一钱半，淡子芩一钱半，白蒺藜二钱，五加皮一钱半。

二诊：服四苓芩石加味，湿热渐除，胸闷略舒，泛恶亦止，胃气未苏，已思纳谷，而肢体倦怠如故，脉濡缓，苔薄腻。蕴郁之邪未尽，再进芳香淡渗。

大豆卷四钱，秦艽一钱半，焦苡仁三钱，佩兰二钱，生茅术一钱半，制木瓜一钱半，白蒺藜二钱半，赤苓四钱，五加皮二钱半，淡竹叶二钱，六一散三钱（包）。

三诊：热虽已退，湿未尽化，纳谷欠馨，口淡乏味，二便如常，脉缓，苔薄白。再清余湿，兼以和中。

米炒上潞参二钱，佩兰二钱，威灵仙三钱，炒麦芽五

钱，大豆卷三钱，杜仲五钱，淡竹叶二钱，苡仁四钱，五加皮二钱半，白蒺藜二钱半，赤白苓各二钱半。

例7

闻某，女，21岁。6月，余杭。

温邪夹湿，困于太阴阳明，微寒身热，胸次塞闷，咳嗽多痰，不思纳谷，时时欲呕，脉滑数，舌苔薄黄而腻。浊邪犯于清旷，肺失肃化，蕴湿留于中焦，胃失降和。拟宣畅气机，清利湿热。

清水豆卷三钱，白杏仁三钱（杵），制苍术一钱半，炒枳壳一钱半，带皮苓四钱，炒竹茹三钱，浙贝母三钱，橘红一钱半，白蒺藜三钱，益元散三钱（包），生苡仁三钱。

二诊：身热略减，咳嗽较稀，胸满呕恶仍有，脉弦滑，苔黄腻。湿热未清，原法加减。

制厚朴一钱半，白蔻仁一钱（杵，后下），浙贝母三钱，姜汁炒竹茹二钱半，白杏仁三钱（杵），大腹皮三钱，前胡二钱，炙橘红二钱，云茯苓四钱，益元散三钱（包），制苍术一钱半。

三诊：湿化热退，痰咳均减，无奈邪去正虚，头昏目眩，脉象转缓，舌淡无垢。脾胃未健，再拟调理。

米炒上潞参三钱，茯神三钱，新会白一钱半，杏仁三钱（杵），仙露半夏二钱，杜仲三钱，炒香麦芽三钱，制扶筋三钱，福泽泻二钱，建曲一钱半（包），红枣三枚。

例8

王某，男，15岁。5月，余杭。

湿困太阴，热伏阳明，旬日不化，日晡身热，微汗无寒，四肢酸重，胸闷纳减，精神疲乏，大便溏薄，小溲短赤，脉来濡数，舌苔黄腻。治用芳香合淡渗法。

淡子芩一钱半，飞滑石四钱（包），佩兰一钱半，大豆卷四钱，白蔻仁八分（杵，后下），带皮苓四钱，炒枳壳七分，大腹皮二钱，制苍术一钱半，陈青蒿二钱，白蒺藜三钱。

二诊：前进苦辛清热，淡渗利湿，服后湿去热减，胸闷肢酸亦除，唯胃气未复，脉濡缓。再拟和中舒胃。

大豆卷三钱，佩兰一钱半，仙半夏二钱半，赤苓四钱，白蒺藜三钱，苡仁四钱，炒麦芽四钱，陈皮一钱半，白蔻仁八分（杵，后下）。

三诊：诸恙悉平，胃纳已有馨味，再用香砂平胃，调理继之。

【按语】 以上三例，俱属湿重于热，热为湿遏，故用芳香苦辛合淡渗化湿清热之剂，服后，湿化热解而愈。叶老经验，对湿温之偏重于湿者，每用芳香燥湿之苍术、蔻仁、姜夏、厚朴等，但必须及时观察舌象变化，毋使太过而化燥伤津。

例 9

沈某，女，30 岁。2 月。

形寒壮热，热度稽留在 39~40℃，见汗不多，头眩，骨节酸疼，口渴喜饮，胸闷作呕，神烦不寐，大便薄泻，小便短赤，舌糙绛，脉弦数。宜和解宣化法。

柴胡一钱，葛根二钱，小川连七分，乌梅肉三钱，陈蒿梗二钱，花粉二钱，竹叶二钱，佩兰二钱，刺蒺藜二钱半，蔓荆子二钱，夏枯草二钱半。

二诊：前方服后，壮热已减，诸症见瘥，神安得寐。但由病前任意饮食，尚有食滞于中，便下黑垢，小溲短赤如前。原方出入再进。

柴胡八分，威灵仙三钱，蔓荆子二钱，蜜炙南山楂三

钱，炙鸡金三钱，竹叶二钱半，酒炒黄芩一钱半，佩兰二钱，刺蒺藜三钱，川石斛三钱，夏枯草三钱。

【按语】叶老诊治此案，认为属温病之少阳、阳明合病，拟用先贤治风劳之柴葛连前煎乃异病同治。患者无咳嗽而见口渴且呕，故去前胡，易乌梅生津止呕。服2剂病情显减，后诊调理而愈。

例 10

麻某，女，32岁。5月，余杭。

湿温三候，壮热不退，胸闷烦躁，神昏谵语，口不渴饮，小溲短少，大便秘结，舌尖边绛，苔中白腻，脉沉而数。此属湿温不从气分而解，扰及心营，有痉厥之虑，用清透宣开之法。

牛黄至宝丹二粒（分二次吞），带心连翘四钱，黑栀三钱，鲜石菖蒲根二钱半，鲜竹叶卷心四十支，炒大力子三钱，飞滑石四钱（包），川贝一钱半，鲜芦根二两（去节），白蒺藜二钱半，炒香豉一钱半，橘红二钱。

二诊：痦露，胸宇较宽，热减，神识转清，营分之邪已得外达，而大便不下，腑气未通耳。

瓜蒌皮三钱，丹皮二钱，鲜石菖蒲根一钱，飞滑石四钱（包），川贝一钱半，炒香豉一钱半，广郁金一钱半，黑山栀三钱，橘红一钱半，芜荑子三钱，竹叶卷心四十支，鲜芦根二尺（去节）。

三诊：白痦尽透，胸闷已宽，唯热势尚有起伏，并增咳嗽，再拟两清肺胃。

苡仁三钱，白杏仁三钱（杵），赤苓三钱，橘红二钱，姜半夏二钱，姜竹茹三钱，清水豆卷三钱，藿梗二钱，炙前胡一钱半，北路太子参一钱半（先煎），炒香白薇二钱半。

四诊：热势尽退，大便亦下，咳嗽痰多，胸胁隐痛，原方出入再进。

宋半夏二钱半，茯苓四钱，姜竹茹三钱，橘红二钱，焦枳实八分，白杏仁三钱（杵），枇杷叶四钱（拭包），炙前胡二钱，清水豆卷二钱半，青蒿梗二钱，广藿梗一钱半。

【按语】本例系湿热熏蒸，扰及心营，苔见白腻，口不渴饮，为尚未化燥伤津，故在清营之中，结合宣肺之法，使邪从气分而解。

例 11

吴某，男，16 岁。5 月，余杭。

湿温九朝，壮热见汗不解（体温 39.6℃），咳嗽痰稠，胸闷不宽，便下褐秽，小溲短赤。湿热郁蒸多日，热将传变，脉滑数，舌尖绛，苔中腻厚。治拟清解。

青连翘三钱，金银花三钱，川贝一钱半，炒淡子芩一钱半，清水豆卷四钱，川石斛三钱，炒橘红二钱，飞滑石三钱（包），炒苡仁四钱，干芦根六钱，炙前胡二钱半。

二诊：热退不多（体温 39℃），胸闷咳嗽尚频，利下赤色，脉数，舌尖绛，中黄腻。再拟清气透热。

青连翘三钱，淡子芩一钱半，粉葛根一钱半，清水豆卷三钱，桑叶三钱，川贝二钱，苡仁四钱，淡竹叶二钱半，飞滑石三钱（包），橘红二钱，干芦根六钱，炙前胡二钱半。

三诊：热势尚高，汗出溱溱，白㾦稀露，赤利见差，咳嗽如故，夜来神昏谵语，舌绛中黄腻，脉象滑数。再以透热开窍，清营达邪。

紫雪丹六分（先化吞），带心连翘四钱，炒大力子二钱，鲜石斛三钱（劈，先煎），川贝一钱八分，鲜竹叶卷心二十支，淡子芩一钱半，鲜芦根一尺五寸（去节），飞滑石三钱

（包），苡仁四钱，赤苓三钱，橘红二钱。

四诊：白㾦续透，胸项为多，热势得减，脘宇未宽。咳嗽痰多，入夜间有谵语，舌绛苔黄，脉来细数。原法出入。

至宝丹一粒（先化吞），带心连翘三钱，鲜菖蒲根二钱，鲜石斛三钱（劈，先煎），川贝二钱，鲜竹叶卷心三十二支，鲜芦根三尺（去节），橘红二钱，芫荽籽二钱，飞滑石三钱，（包），白茯神三钱，灯心一束。

五诊：热势顿减，白㾦已回，神清，胸宇较宽，渴饮差减，唯痰伏尚多，肺失清肃，咳嗽未绝，脉小数，舌薄绛。再拟清肺蠲痰。

青连翘三钱，冬瓜仁四钱，炒香枇杷叶四钱，苡仁四钱，川贝一钱半，炒橘红二钱，川石斛三钱，淡子芩一钱半，炙前胡二钱，泡射干一钱二分，干芦根六钱（去节），淡竹叶二钱。

六诊：脉静身凉，痰少，咳嗽已稀，胸宇亦宽，胃苏，渐思纳谷，舌绛。再拟养胃佐清余邪。

象贝母一钱半，川斛三钱，炒橘红一钱半，炒香谷芽三钱，白杏仁三钱（杵），麦冬二钱，苡仁三钱，忍冬藤三钱，白茯神三钱，淡竹叶一钱半，干芦根五钱。

【按语】高热，下利褐秽，系属热重于湿，里热充斥，用清气透热法，虽有㾦露，而高热未退，又见入暮神昏谵语，谅由患者受邪过重，热蒸心营，故复用两清气营之法，使邪从外达，即叶天士所谓"入营犹可透热转气也"。

例12

汪某，男，28岁。7月，杭州。

病起一候，始则凛凛恶寒，继之身热，头昏而重，如蒙如裹，胸次窒闷，沉困嗜卧。初时汗出甚多，以后纯热无

汗，渴不多饮，小溲短少，昨日起神识昏迷，上肢痉挛，下肢痿软，小溲不通，脉象沉弦而数，舌尖边绛，苔黄燥。乃湿热化燥，邪毒入营，袭于厥少二经，亟拟清营镇痉。

羚羊角五分（先煎），带心连翘五钱，银花三钱，元参心三钱，鲜石菖蒲根三钱，鲜生地四钱，黑山栀三钱，鲜竹叶卷心四钱，淡子芩二钱，郁金二钱，飞滑石四钱（荷叶包），牛黄至宝丹二粒（分上下午化送）。

二诊：壮热见退，神识依然昏迷，牙关紧闭，两手尚痉，下肢差能伸缩，小溲未通，舌绛燥，脉沉细数。入营之邪尚盛，阴液难以骤复，再拟清营养阴继之。

乌犀角尖五分（先煎），带心连翘四钱，玳瑁五钱（先煎），鲜石菖蒲根四根，元参心三钱，鲜细生地各五钱，丹皮一钱半，赤芍二钱，川贝二钱，郁金一钱半，灯心一束，安宫牛黄丸一粒（先化吞）。

三诊：热退痉定，神清寐安，牙关已启，下肢稍能活动，唯小溲依然未通，精神倦怠，谷食无味，脉弦细数，舌苔黄腻。温邪已由营转气，再以清热化湿，以降浊阴。

甘露消毒丹四钱（包煎），青连翘四钱，黑山栀二钱，清水豆卷三钱，鲜石菖蒲根三钱，川贝三钱，广郁金三钱，淡竹叶二钱，元参四钱，川斛四钱，茯神五钱，灯心一束。

四诊：神清，入夜醋寐，下肢已能伸缩，小溲已利，午后仍有低热，渴不多饮，不思纳谷，时有干恶，脉象细缓。再清余热，佐以养胃。

陈青蒿二钱，佩兰二钱，川石斛四钱，苡仁三钱，赤茯苓四钱，天花粉三钱，盐水炒橘红二钱，蔻仁一钱（杵，包），盐水炒细生地六钱，盐水炒刀豆子三钱，生鳖甲八钱（先煎）。

五诊：胃气渐苏，纳谷见增，胸闷干恶已除，小溲亦得畅通，脉细而缓。前方既效，增减续进。

陈青蒿二钱，佩兰二钱，炒麦芽四钱，蔻仁一钱（杵，包），茯神四钱，炒香豉一钱半，炒上潞参二钱，麦冬四钱，生鳖甲五钱（先煎），杜仲五钱，炒橘红一钱半。

【按语】本病初起，恶寒发热，沉困嗜卧，胸宇塞闷，为湿温发于太阴，阳明之间，湿热郁蒸过极，窜入诸经。入厥阴心包，则神昏不清，上肢痉挛；入少阴肾经，则小溲不通，下肢痿软。此即《素问·痿论》所谓"肾气热，则腰脊不举……发为骨痿"。故初诊、二诊用羚、犀、玳瑁、至宝、安宫等清热、息风、宣窍，以制燎原，而防痉甚内闭，元参、鲜细二生地养阴增液，以防肾水涸竭。病虽危在顷刻，处方极其周密，故能立竿见影。至三诊舌苔黄腻满布，乃温邪已由营转气，蕴湿犹留，膀胱腑气未通，是以在清热中，佐芳香淡渗，开湿邪之出路，服后苔腻渐化，小溲自利。但下午仍有低热，此为余邪外达，非死灰复燃，再投和解枢机，清热养胃数剂，诸证消失，病体逐渐恢复正常。本案系浙江医科大学附属第一医院住院病人，诊断为"脊髓前角灰白质炎"，经叶老会诊 6 次，服药 9 剂而愈，曾总结刊载于1955 年《中华医学杂志》第六期。

例 13

章某，男，68 岁。8 月，绍兴。

伏湿秋发，且有痰伏，初起失治，湿从热化，伤气灼津，痰热胶结，深扰心营，神识昏迷，语言难出，气促痰鸣，瘈疭亦见，脉沉细而滑，舌燥，有内闭外脱之虑。亟拟开窍豁痰兼予扶正。

牛黄至宝丹一粒（先化吞），别直参一钱半（先煎），鲜

石菖蒲根五钱，川贝四钱，青连翘三钱，陈胆星七分，青黛二分拌蛤壳六钱，白毛化橘红一钱半，冬瓜仁三钱，广郁金一钱，钩藤三钱，姜汁炒竹茹三钱。

二诊：昨方服后，白痦初露，喉间痰鸣已杳，而昏迷依然，瘛疭未定，脉来细数，舌苔燥黑。气阴大伤，邪势仍张，再拟清营增液，开窍豁痰。

牛黄至宝丹二粒（分化吞），西洋参二钱（先煎），麦冬四钱，元参四钱，鲜生地八钱，带心连翘四钱，川贝三钱，人中黄一钱半，紫丹参四钱，鲜芦根一两（去节），白毛化橘红二钱。

三诊：前方服后，神识转清，身热顿减，瘛疭亦定，脉象较前有神，而苔燥如故。蕴伏之邪渐透，气液耗伤未复，治宜原法化裁。

别直参一钱半（先煎），西洋参三钱（先煎），麦冬四钱，川贝三钱，元参四钱，鲜生地八钱，青连翘三钱，丹参三钱，鲜芦根一两（去节），茯神四钱，白毛化橘红一钱半。

【按语】伏湿秋发，每以虚体为多见。患者年逾花甲，又加初起失治，夹有痰伏，乃致传变较速，险象百出，内闭外脱，实在堪虞。叶老针对病情，当机立断，用别直参益气生津以防其脱，投至宝，重用菖蒲、川贝等清宣痰热，勿使内闭。服后虽神识未清，而见有痦露，喉间痰鸣消失，脉无滑象，谅系正气得扶，蕴伏之邪，得以外达，痰浊亦有所渐化，但燎原之势犹炽，阴液灼伤更甚，故次方去别直参易西洋参合增液、至宝等清营增液，病情迅即转机，而趋向愈。

咳　嗽　证

叶老引《明医指掌》所曰：肺居至高，主气，司肃降，体之至清至轻者，外感六淫，内伤七情，肺金多戕，咳嗽之病由此而作。故《内经·咳嗽篇》曰："五脏六腑，皆令人咳，非独肺也。"而其要皆在于肺，盖肺主气，气逆则声从此出矣。叶老认为古人论咳嗽，以有痰为咳，无痰为嗽，不论有痰无痰，咳嗽之作，总由肺气失以宣降而上逆所致，此为症，为病之标，而引起肺气上逆之各种病因病邪，乃是致病之本。"治病必求其本。"故叶老治咳嗽，注意辨析内伤与外感，病邪之寒热，脏腑之偏胜以及症情之缓急，兼症之轻重等。追本穷源，辨证以治，故疗效显著，素享盛誉。

一、外感咳嗽的治疗

1. 风寒咳嗽

以咽痒，咳嗽或阵咳，痰白或稀，口不渴为主症，病起于风寒感冒之后，或伴鼻塞，头痛等，治以辛温散寒，宣肺止咳。常用如杏苏散加浙贝、冬花等，咳甚而夹喘者掺入麻黄。若咳嗽多日甚或十余日不已，咽痒如虫行，咳而气急若喘，每咳出少量稀白痰涎则咳稍缓而未几又作者，常用《金匮》小青龙法，投以五味子1.5克，敛肺止咳，寒轻者合干姜2克，寒甚者再入细辛3克，辛散与酸收相合，掺入辛温散寒化痰剂中，每收著功。按前人有外感咳嗽忌用敛涩之说，叶老认为此系对肺热有火与风寒初起者所说，盖风寒致

咳，表邪已解而咳嗽多日不已，此为肺气冲逆，若不予敛降则咳无宁日，故敛收之剂可少少予之，但不宜过剂，且需与辛温宣散之剂合用，配伍得当，不但无碍，其效益彰。

2. 寒热夹杂

此指风寒外袭，痰热内郁，即俗称之"寒包火"者，症见恶寒身热，无汗或少量汗出，咳嗽较剧，痰黄，气粗气急，或咳甚而胸痛，口渴喜饮。治宜外散表寒，内清痰热。方用仲景麻杏石甘汤加味。用药如麻黄、杏仁、生石膏、生甘草、黄芩、前胡、橘红、冬瓜子、芦根、茅根等，或加竹沥半夏、浙贝化痰，芦根、天花粉顾护肺津。表解热清者加入桑叶、枇杷叶宣肃肺气，痰稠者再加金沸草，同时减麻黄剂量，重用石膏、黄芩。其中用茅根者，以热易动血，咳甚尤恐伤络而予以维护，冬瓜子治热痰，与芦根相合寓苇茎汤用法。

3. 风热咳嗽

证由风热外袭，肺气失肃所致。症见身热自汗，微恶风寒，咳嗽痰出不爽，口干喜饮或便秘溲赤，亦有表解热退而咳嗽未减者。治法表未解者清热宣肺为主，表已解者清肺化痰以治。用药如桑叶、菊花、大力子宣肺解表，连翘、银花、山栀清热，前胡、橘红化痰，杏仁、枇杷叶肃肺止咳，花粉、石斛生津。贝母一味，津未伤表未解用浙贝，津已伤表已解用川贝。此证多便结不通者，系因津伤热结而起，采增液承气法变通以治，常用如火麻仁、瓜蒌仁、细生地、麦冬之类。以上药物按表里燥热之异而随证组合应用。

4. 风痰相激

此因湿痰素盛，触受风寒而起，风痰相激，而见身热恶风头疼，咳嗽痰稠胸闷，食减退，肢酸软。治以宣肺化痰为

主，表未解者配合疏散风寒，表已解者参入芳香化湿。治疗亦以杏苏散为主方。以苏叶加桂枝、豆豉解表散风寒，表重者再加荆芥，半夏、橘红、浙贝化痰，杏仁、前胡、白前宣肃肺气，化痰止咳，藿香、佩兰芳香化湿，或再入胆南星治湿痰。其中前胡主在宣肺，白前长于下气，故表未解用前胡，表已解用白前。他如米仁、茯苓之渗湿亦随证而进。胸闷明显者酌加制香附，合成香苏饮治法。

二、内伤咳嗽的治疗

1. 湿痰阻肺

脾湿生痰，痰阻于肺，清肃不行，症见咳嗽声音重浊，痰出色白黏稠，兼湿滞于中，而致脘宇窒闷，饮食减少，大便或软或溏。治用理脾化湿，肃肺涤痰。以二陈汤为主方，去甘草之滞中，加甜葶苈子、杏仁、苏子、枇杷叶下气除痰，再加前胡开肺清痰热，或参射干泻肺火消痰积。痰咳明显者急则治标，肃肺涤痰药以下气为主，开肺为辅，应用时主次结合，泾渭分明。待咳减痰少以后，改以理脾化湿治本为主。常用者如陈平汤去甘草酌加肃肺涤痰之品，仍以除湿涤痰为主。益气健脾药用之甚少，间或加入一味白术，且用量偏小，或与茅术相合，燥脾湿，补脾虚。至于六君子辈应用于咳愈之后，仍与陈平汤相合，已属善后之治法。叶老认为脾为生痰之源，肺为贮痰之器，湿痰壅肺，肺降受阻而气上逆，于是咳嗽痰多，病在里则从里消，故用药以肃肺为主，开肺为辅，此与治外感咳嗽者有别。

2. 火淫肺金

木火偏亢，上刑肺金，肺失清润，以致咳嗽，咽燥，痰少色白而稠，兼有少量黄痰，午后虚热，或咳引两胁作痛，

甚或灼伤肺络而痰中夹血。治用养阴润肺，镇肝降火，用药如丹皮、桑皮、地骨皮、青黛等清降肝火，甚者山栀、夏枯草亦可加入，或参入代赭石镇肝降逆以折其炎上之威；沙参、麦冬、花粉润养肺津而滋肺燥，使清肃得行，肺降自复；化痰止咳好用橘红、紫菀、冬瓜子、川贝、甜杏仁、生蛤壳等，亦或加入射干以清痰热。以上药物按虚实之主次变化组合以投。若肝火灼伤阳络，痰中少量见红者，常用茜草、墨旱莲、仙鹤草等味。叶老认为咳之因于木火刑金者，治疗当以清气降火为先，滋润养肺辅之，盖气随火降，清肃得复，则咳嗽咳痰自行缓解，至于化痰止咳药物，系治标之举，量证之缓急酌情予之。

3. 虚火伤肺

肾水不济，相火内炽，上炎犯肺。症见咳嗽痰少，甚则少量夹血，咽干咽痛，口舌干燥，伴以腰脊酸楚，梦遗带下。治宜壮水制火，润肺化痰。常用以增液汤合二至丸为主。用药如生地、元参、女贞子、麦冬、制首乌滋肾水，丹皮、黄柏泻相火，生蛤壳、白前、冬瓜子、橘红等化痰下气止咳，火盛者再加知母，见红者参入旱莲草、茜草或阿胶珠等。常用青盐1克与橘红伴炙，以引火下行。待证情缓解，咳嗽咽痛减轻，改以增液或六味地黄为主掺合金水六君之类出入，作为善后治法。叶老治此类证候采用滋肾水，清相火，润肺化痰三法，此证咳嗽，源于火旺烁肺，故咳嗽明显者主用滋阴清火，化痰止咳药用之很少，甚或不用，盖治病必求其本也。火降咳减以后，继以滋阴润肺化痰或酌参清火之品。

4. 肾虚咳嗽

肺肾两亏，气不归原，肃纳无权。此证每发于高年之

人，久咳不已，痰出稀白，腰背引痛，动生气逆，或时觉有气从脐下逆奔而上则咳嗽阵作。治法以温肾健脾，肃肺化痰。叶老认为肺之与肾母子相依，肺之与脾太阴所系，故主张补肾，健脾，益肺并进，参入化痰肃肺之剂，具体用药主张补阳不用刚燥，滋阴应避滋腻。常用如大菟丝子丸，采其法而不用其方。用药如菟丝子、杜仲、炮姜、补骨脂助阳，杞子、天冬补阴，党参、白术、茯苓健脾益气，姜夏、冬花、陈皮化痰，五味子合炮姜温涩止咳。叶老用五味子敛肺治咳，或用于内伤，或用于外感，皆应用于久咳不愈者，对于外感初起咳嗽痰稠者断不用之。亦有用之于小青龙证者，此为饮证，另作别论。在具体应用时主张辛酸相合，辛者指姜、辛而言，寒轻者用干姜，寒重者用细辛，或姜、辛合用。就姜而言，治风寒咳嗽多日不已而痰少者，五味子合生姜；内伤寒痰阻肺咳嗽，五味子配干姜；肾虚咳嗽，五味子与炮姜合用。以生姜主发散，干姜温脾，炮姜暖肾也。待咳减痰少，继以六君子合二陈汤为主方，参入杜仲、炮姜、菟丝子、杞子、五味子等，两补脾肾而以脾为主，盖脾为后天之本，生痰之源也。

三、病案举例

例1

宣某，男，39岁。4月，杭州。

风寒外袭，内有郁热，恶寒身热，咳嗽气急痰黄，胸胁震痛，口渴喜饮，脉紧数，舌苔黄糙。麻杏石甘汤加味。

生麻黄一钱二分，白杏仁三钱（杵），生石膏五钱（杵，先煎），甘草一钱，竹沥半夏二钱半，炙前胡二钱，冬瓜子皮各三钱，竹茹二钱，茯苓三钱，炙橘红一钱二分，白茅根

四钱。

二诊：外寒束表，得汗身热渐解，里热内遏，咳嗽痰黄依然，胸痛气急如故，舌苔黄糙已转薄润，仍用前方加减。

麻黄八分，生石膏六钱（杵，先煎），甘草一钱，炙前胡二钱，浙贝母三钱，白杏仁三钱（杵），炙橘红一钱二分，竹茹四钱，炙枇杷叶四钱，白茅根四根，冬瓜子皮各三钱，竹沥半夏二钱半。

三诊：表邪已解，寒热尽退，肺气犹未清肃，咳嗽见爽，症势虽平，务慎饮食。

赤白苓各三钱，浙贝母三钱，仙露半夏钱半，生蛤壳六钱（杵），炙前胡钱半，白杏仁三钱（杵），白茅根四钱，冬瓜子皮各三钱，炙枇杷叶四钱，炙橘红一钱二分，金沸草二钱半（包）。

【按语】恶寒身热，乃表寒外束，苔黄渴饮，为里热内盛。表寒里热，麻杏石甘汤乃属正治。服后表寒渐解，而里热尚盛，故仍宗原方，减少麻黄，加重石膏，用药细审，切于病情，深为可法。

例2

寿某，男，55岁。4月。

酒后触风引起湿痰，而致身热头痛咳嗽，痰稠胸闷，食减肢酸，舌苔白腻，脉弦。拟辛温解表法。

桂枝尖八分，杏仁三钱，炙前胡二钱半，炒香豉一钱半，荆芥一钱半，藿香二钱，橘红二钱，刺蒺藜二钱半，杜苏叶一钱半，宋半夏二钱半，象贝三钱。

二诊：形寒身热已解，头疼咳嗽亦差，胸闷得宽，目尚昏眩，舌白脉缓，再以宣肺化痰。

杏仁三钱，宋半夏二钱半，象贝三钱，炒苏子二钱半，

白前二钱，旋覆花二钱半（包煎），炙冬花三钱，制南星一钱二分，省头草二钱，天麻一钱半，决明子三钱。

【按语】外触风寒内蕴痰湿之证，故治用疏散风寒，宣肺化痰，酌佐芳香化湿之剂。

例3

金某，男，40岁。3月，杭州。

风热外袭，肺卫失肃，身热咳嗽，痰滞不爽，便秘溲赤，舌绛苔黄，脉象浮数。拟清热涤痰。

桑叶三钱，白杏仁三钱（杵），炒牛蒡子二钱，青连翘三钱，甘菊花二钱，炙前胡二钱，枇杷叶四钱（杵），天花粉三钱，浙贝母三钱，全瓜蒌四钱（杵），竹茹四钱。

二诊：痰为热留，热因痰困，痰热交煎，日耗气液，前以清热涤痰，热势已退，咳嗽如故，肺失清肃之令，痰浊尚恋，舌绛起有芒刺，则津液未复也。治拟肃肺涤痰，兼清余热。

鲜石斛三钱（劈、先煎），橘红橘络各一钱半，茯神三钱半，川贝母三钱，竹茹三钱，黛蛤散四钱（包），天花粉三钱，黑山栀二钱，粉丹皮钱半，白杏仁三钱（杵），白薇三钱。

三诊：热退，咳痰减少，大便秘结，食入胀闷，头晕乏力，乃邪去正虚之证也。

扁石斛三钱（劈，先煎），米炒麦冬三钱，细生地四钱，抱木茯神四钱，生白芍一钱半，制木瓜八分，山楂肉三钱，建六曲三钱（包），生谷芽三钱，火麻仁四钱（杵），蜜炙枳壳一钱半。

【按语】本列系风热两灼肺胃，酿痰咳嗽之症，故先以清热宣肺为主，继用清肺化痰。三诊时，咳痰俱减，而大便不通，乃津伤热结之故。若投硝、黄恐复伤阴，而用楂、曲、枳壳疏利腑气，麦、地、麻仁滋液润肠，实为增液承气之变法也。

例4

赵某，女，33岁。8月，余杭。

脾湿生痰，痰阻于肺，清肃不行，咳痰稠白，湿滞于中，胸脘窒闷，饮食亦减，脉滑苔白。治宜理脾化湿，肃肺涤痰。

白杏仁三钱（杵），泡射干一钱二分，炒甜葶苈子二钱（杵，包），炒香枇杷叶四钱，化橘红一钱半，姜汁炒竹茹三钱，宋半夏二钱半，茯苓四钱，盐水炒前胡二钱，金沸草三钱（包），炒苏子三钱（包）。

二诊：进前方后，稠白之痰日渐减少，咳嗽亦止，湿注于下，腰酸带多，舌苔白腻，脉濡而滑。再拟肺脾同治。

赤白二苓各三钱，制茅白术各一钱半，宋半夏二钱半，炙橘红一钱半，金沸草三钱（包），炒白薇三钱，炙白前二钱，煅赭石六钱，炒杜仲六钱，潼蒺藜三钱，炙白鸡冠花四钱。

【按语】脾为生痰之源，肺为贮痰之器，肺脾同虚，痰湿内阻，上泛成咳。初以肃肺化痰，服后痰少咳平，而又见腰酸带多，乃脾虚不能去湿，留湿下注，故接用二苓、二术，健脾燥湿，其中白鸡冠花一味，叶老治湿滞带下，每见卓效。

例5

杨某，男，29岁。5月，杭州。

阴虚火升，火刑金烁，咳而咽燥，两胁阵痛，午后有虚潮之热，脉象弦数，舌红而干，延有失血之虞。

清炙桑白皮二钱，地骨皮三钱，黛蛤散四钱（包），煅赭石四钱，天花粉二钱，川郁金一钱半，橘红络各一钱半，

粉丹皮一钱半，蜜炙白薇三钱，川贝三钱，冬瓜仁四钱。

二诊：潮热已减，咳嗽胸痛见差，脉不数，失血之累或可幸免矣。

白杏仁三钱（杵），地骨皮三钱，蜜炙枇杷叶四钱，炙白薇三钱，清炙桑白皮二钱，代赭石五钱，蛤壳四钱（杵），川贝二钱，炒橘红一钱半，川郁金一钱半，泡射干八分，炙紫菀二钱。

三诊：火不烁金，金润始复，热退咳减，胁痛已止，脉弦，舌红。再拟清润养肺。

南沙参三钱，麦冬三钱，甜杏仁三钱（杵），代赭石四钱，蛤壳五钱（杵），炙紫菀二钱，川郁金一钱半，炒橘红一钱半，冬瓜仁四钱，蜜炙冬花三钱，川贝二钱，杜仲四钱。

【按语】脉见弦数，舌质干红，咳而咽燥，两胁震痛，为肝阴不足，木火偏亢，上刑于肺，必然耗伤肺阴。阴虚火扰，易伤阳络，故谓有失血之虞。治用养阴润肺，镇肝降火，乃使气火下降，肺气得以清肃，则咳嗽自平矣。

例6

洪某，男，29岁。3月，杭州。

相火内炽，肾水不济，上则咽喉作痛，咳嗽痰中夹血，下则梦遗失精，腰脊酸楚，脉来左寸右尺数劲。病属金水两亏，久延防成虚损。

生地三钱，元参三钱，生首乌五钱，甘草一钱，原麦冬三钱，粉丹皮二钱，潼蒺藜三钱，盐水炒川柏一钱二分，马勃一钱半，芡实三钱，生牡蛎六钱（杵），茯神四钱。

二诊：咳轻血止，咽喉之痛已差，近日亦未梦遗，仍守原法增损。

大生地五钱，制女贞三钱，潼蒺藜三钱，麦冬三钱，陈黄肉二钱，茯神四钱，生牡蛎六钱（杵），芡实四钱，粉丹皮二钱，怀山药三钱，元参三钱。

【按语】肾居坎中，内寓相火，相火一劫，龙火随起，火性炎上，水无以济，上为咽痛咳血，下为梦遗腰酸。盖精与血原系一体，精血既耗，故防有入损之虑，立方未见治咳，而重在壮水制火，所谓辨证求因，审因论治也。

例7

王某，男，69岁。10月，绍兴。

高年气虚，肺肾两亏，肃纳无权，久咳不已，腰背引痛，动生气逆，痰多稀白，脉沉细，苔薄白。治拟温肾健脾，肃肺化痰。

炒菟丝子三钱（包），炒杜仲六钱，盐水炒桑椹子三钱，盐水炒甘杞三钱，米炒上潞党参三钱，茯苓四钱，宋半夏二钱半，天冬三钱，炙冬花三钱，炮姜一钱拌捣五味子八分，参贝制陈皮一钱半。

二诊：咳逆俱差，痰亦减少，但体虚一时难复，仍需前法加减再进。

米炒潞党参四钱，炒冬术二钱，茯苓四钱，盐水炒甘杞子三钱，炮姜一钱拌捣五味子八分，炙款冬花三钱，炒橘红一钱半，宋半夏三钱，盐水炒杜仲五钱，盐水炒菟丝子三钱，潼蒺藜三钱。

【按语】本例治法，补肾阳不用刚燥，滋肾阴而避滋腻。肺为肾之母，肾乃肺之子，子能令母实，补肾即益肺；脾为肺之母，培土则生金，恙由三脏俱虚，益肺，健脾，补肾同进，权衡可识矣。

例8

殷某，女，32岁。杭州。

阴虚之体，感受风邪，初起失治，风从热化，热壅肺胃，发热干咳无痰，喉痛声哑，口干咽燥，喜饮，脉象弦滑，舌淡苔黄。拟用甘凉润剂。

生石膏五钱（杵，先煎），知母三钱，桔梗一钱半，生甘草一钱半，连翘三钱，山豆根三钱，牛蒡子二钱（杵），金锁匙三钱，乌元参三钱，石菖蒲一钱半，老蝉三只（去头足）。

二诊：前方服后，热退，喉痛已止，声音渐扬，口干咽燥减轻。宗原法，续服 3 剂，声音清朗，诸症俱瘥。

【按语】阴虚感邪，最易化热，热乘肺金，致声音嘶哑，为金实不鸣。方用辛凉清润，开宣肺气，热泄则不灼金，肺气清肃则声音自扬也。

哮 喘 证

叶老引《医学正传》曰："哮以声响言，喘以气息言。喘促而喉间如水鸡声者，谓之哮。气促而连续不能以息者，谓之喘。"虽病于肺而喘证或虚或实，哮证以实为主，虽夹虚，亦属实中夹虚者。故喘证以虚实区分，哮证以寒热为辨。喘证治疗恰当或可愈者，哮证宿根难拔，难以杜绝。

一、哮证

1. 冷哮

痰湿内伏，触感风寒，新感引动宿痰，痰阻于肺，与气相激，症见形寒无汗，咳嗽气喘，胸闷痰多而稀白，喉间痰声吱吱。治法以散表寒，蠲里饮，利气道。主方常以

小青龙合二陈。因痰生于湿，去甘草之甘壅；痰阻气道，除五味之酸涩。常用药物如麻黄、桂枝散风，干姜、细辛祛寒，半夏、陈皮、前胡、茯苓化痰湿，参以苏子、白芥子涤痰降气以利气道，除痰鸣。待证情稍缓，仍守小青龙原方加入陈皮、前胡、射干、茯苓等治之，至痰出喘平哮歇，继以六君子合苓桂术甘、二陈等为主，健脾燥湿运中以巩固之。亦有感邪以后一时未解，郁而渐从热化者，脉滑苔黄，治用泄肺豁痰，叶老常用猴枣开豁痰热，苏子、葶苈泻肺降逆，马宝、皂荚子、海石导痰下行为主。配合二陈化痰，杏仁、桑皮苦降。俾热清痰消，肺复肃降之职，哮证可缓。

2. 热哮

感邪不解，与痰相结，痰热胶合，郁阻气道。症见身热口渴，喉间哮鸣，气逆难以平卧，痰出稠黄，大便常结。治以清热豁痰，兼解表邪。常以越婢加半夏汤为主方。用药如麻黄散表邪，石膏、黄芩、桑皮清肺热，葶苈子、莱菔子、杏仁、海石涤痰下气，或加瓜蒌润下走泄。待热清哮减，痰少咯爽以后，改以凉润益津，清肺化痰剂继之，如沙参、麦冬、花粉、石斛、桑皮、白薇、川贝、蛤壳、冬瓜仁等。此外，必嘱病家避风寒，节厚味，禁发食，以防再发。

二、喘证

喘分虚实，实喘者邪郁致病，属热居多，其病以肺为主，正如《内经》曰："诸痿喘呕，皆属于上。"叶老治实喘如温病暑温之喘，咳嗽痰热之喘，痰饮寒饮之喘等，俱在相关专篇中已有论及，兹不赘述。本文所论以虚喘为主。

1. 久咳虚喘

证因咳嗽久久不已，肺气内虚，元气告急。所见如劳累或气候转变之际，咳嗽喘息，抬肩掀肚，痰出稀白，饮食锐减，口干唇燥。前人云：实喘治肺，虚喘治肾。叶老认为肺虚久必及脾，脾虚久必及肾，此上损及中，中损及下之理也。故治虚喘不离肺、脾、肾三脏而以肾为主，盖肾为五脏之本，元气所匿也。治以生脉散为主方。药用移山参、麦冬、五味子；加入熟地炭、杜仲、苁蓉、核桃肉、补骨脂补肾，阴中求阳，温而不燥；玉竹润肺，川贝化痰，紫石英重镇下气。待元气复彰，气略平，纳稍增，继以生脉散合右归饮、青娥丸巩固疗效，最后以桂附八味丸善后。

2. 气虚喘脱

多见于耄耋之年或久病气虚者，平素体弱神惫，动则气逆，短气息促，畏寒怕冷，饮食少进，或咳嗽频发，痰多稀白。突然口张息促，额汗如珠，不能平卧，面青足冷。此系真气衰惫，孤阳欲脱之危证，亟以扶元镇固为治。叶老治用人参蛤蚧汤合参附汤为主方。选用别直参、蛤蚧尾、熟附块、炮姜、五味子、黑锡丹等，峻补元阳，镇固摄纳，以挽一线之生机。待汗收而喘息稍平，改以附块、熟地、补骨脂等助阳纳气平喘。最后以金匮肾气丸培补根蒂，以资巩固。叶老认为任司一身之阴，督主一身之阳，故冲任并治，肾督相联。治疗元气衰惫欲脱者主用参、附、炮姜峻补，参以蛤蚧、五味子、黑锡丹镇摄。肾阳虚衰者，以附子合熟地于阴中求阳，温补肾阳以外，合用巴戟、葫芦巴、补骨脂、核桃肉等入奇经以补肾督，更以紫河车大补气血以助之。对于叶老此类用药方法，读者可以将以下所载钱姓一案细细品味，必然收获良多。

三、病案举例

例1

张某，男，12岁。2月，于潜。

哮喘起已十载，时发时止，迩因新感，引起宿患，咳嗽阵作，气逆痰鸣，鼻流清涕，胸闷胁痛，脉滑苔黄，先拟泄肺豁痰。

猴枣粉二分（分吞），炙桑白皮二钱，白杏仁三钱（杵），甜葶苈子二钱（包），炒苏子二钱半，前胡二钱，宋半夏二钱，金沸草二钱半（包），蜜炙橘红一钱半，茯苓四钱，冬瓜子皮各三钱。

二诊：哮喘未平，有痰不能外吐，气逆难以平卧，但胸闷胁痛，不若前甚，脉弦滑，苔薄黄。

马宝粉一钱（分吞），蜜炙前胡二钱，茯苓四钱，炙酥皂荚子一钱半，炙苏子二钱半，前胡二钱，仙露半夏二钱半，甜葶苈子二钱（包），白杏仁三钱（杵），生灵磁石一两（杵，先煎），白毛化橘红一钱半，煅鹅管石四钱。

三诊：新感已解，哮喘趋平，咳减痰少，而能平卧，胃纳亦醒，仍守原意出入。

宋半夏二钱半，茯苓四钱，蜜炙橘红一钱半，炙苏子二钱（包），煅鹅管石三钱，白杏仁三钱（杵），炙酥皂荚子一钱二分，海石四钱，生灵磁石一两（杵，先煎），金沸草二钱半（包），柿霜三钱（分冲），马宝粉一钱（分吞）。

【按语】哮虽宿痰，多夹新感，本例表邪郁肺，酿痰生热，上壅气道，呼吸受阻，而致咳逆满闷，难以平卧。初用猴枣开豁痰热，苏子泻肺降逆，复以马宝、皂荚、海石等，导痰下行，使火降痰消，症乃缓解。此标急之候，法在权

变耳。

例 2

王某，男，16 岁。9 月，杭州。

哮喘自幼而起，每因外感诱发。昨起形寒肢冷，气喘不得平卧，胸闷痰多稀白，喉间如水鸡声，脉沉弦，苔白滑。拟用小青龙法。

麻黄一钱，桂枝八分，白杏仁三钱（杵），茯苓五钱，生甘草八分，北细辛七分，泡射干一钱二分，姜半夏三钱，化橘红一钱半，炒白芥子一钱半（杵），炒苏子二钱（杵，包），淡干姜八分，前胡二钱。

二诊：形寒已解，肢冷转暖，气喘渐平，痰咯亦松，喉中痰声已杳，夜卧尚可着枕，脉弦右滑。再守原法续进。

炙麻黄一钱，泡射干一钱二分，北细辛五分，炒橘红一钱半，姜半夏三钱，茯苓四钱，炙甘草八分，桂枝八分，干姜八分，五味子七分，前胡二钱，红枣三枚。

三诊：气逆已平，痰咯亦爽，唯人倦少力，纳呆胸闷，脉缓滑，苔薄白。再拟益气健脾而化痰湿。

米炒潞党参二钱半，苏梗二钱，枳壳八分，炒白术二钱，茯苓四钱，炙甘草一钱，姜半夏三钱，陈皮一钱半，淡干姜八分，桂枝八分，前胡二钱，红枣三枚。

例 3

赵某，男，36 岁。8 月，乔司。

感邪失解，肺胃痰热郁滞，身热口渴，喉间哮鸣，气逆难以平卧，痰呈稠黄，大便秘结，脉滑数，苔黄燥。风热夹痰之证，治用麻杏石甘汤加味。

炙麻黄一钱，生石膏五钱（杵，先煎），白杏仁三钱（杵），生甘草八分，炒黄芩一钱半，清炙桑白皮三钱，炒

甜葶苈子二钱（杵，包），莱菔子三钱（杵），旋覆花三钱（包），海石四钱，瓜蒌皮四钱，广郁金三钱。

二诊：热退便通，痰热已得开泄，咯痰得爽，哮喘渐平，舌苔黄薄欠润，脉滑带数。再清肺胃之热，佐以豁痰平逆。

黛蛤散四钱（包），生石膏五钱（杵，先煎），知母二钱半，川贝二钱，白杏仁三钱（杵），清炙桑白皮三钱，淡黄芩一钱半，鲜竹茹三钱，旋覆花三钱（包），天花粉三钱，鲜芦根一尺（去节）。

三诊：哮喘已平，痰少咯爽，卧能着枕，苔转淡黄而润，脉来缓滑。当予清肺养胃，以撤余邪。

南沙参三钱，麦冬三钱，天花粉三钱，川贝三钱，川石斛四钱，清炙桑白皮三钱，鲜竹茹三钱，冬瓜仁五钱，蛤壳六钱（杵），东白薇三钱，枇杷叶钱（拭包）。

【按语】前例为饮湿内蕴，触受风寒，属"冷哮"，故症见形寒肢冷，痰多稀白，苔白滑，脉沉弦。后例乃感邪失解，痰火郁滞，属"热哮"，故症见身热口渴，喉间哮鸣，痰黄稠，苔黄燥，脉滑数。两者病因不一，故临床所见有异，治法亦各不同。如前者法小青龙合二陈加苏、莱二子，以散表寒，而蠲里饮；后者用麻杏石甘佐黄芩、桑皮、葶、莱二子，清豁痰热，兼解表邪，此即同病异治也。

例 4

张某，男，65 岁。11 月，杭州。

喘咳已历 20 余年之久，每在气候转变或过于疲劳时即发。入冬以来，宿喘举发，咳嗽短气，抬肩掀肚，饮食不进，口干唇燥，脉象沉细而软，舌淡苔燥。实喘治肺，虚喘治肾，如今肺肾同亏，治拟益气补肾。

移山参三钱（先煎），麦冬四钱，北五味子八分，炒玉竹三钱，川贝二钱，熟地炭六钱，茯苓四钱，炒杜仲四钱，紫石英五钱（杵），胡桃肉三钱（连衣打）。

二诊：虽能略进饮食，而喘促未平，口干咽燥如故，小溲短少，脉象沉细，本元已虚，病深日久，难图速效，再宗原法出入。

移山参三钱（先煎），麦冬四钱，大熟地炭五钱，淡苁蓉三钱，炒杜仲三钱，茯苓四钱，北五味子八分，煨补骨脂三钱，紫石英五钱（杵），川贝三钱，胡桃肉三枚（连衣打），炒怀牛膝三钱。

三诊：前方服后，气逆略平，胃纳渐增，而小溲仍然短少，脉象沉细，舌苔转润。既见效机，原意毋庸更改。

移山参二钱（先煎），麦冬四钱，北五味子一钱，茯苓四钱，炒杜仲四钱，淡苁蓉三钱，大熟地炭四钱，萸肉二钱，泽泻二钱，米炒怀山药三钱，胡桃肉三枚（连衣打）。

四诊：气逆已平，纳食如常，而小溲仍然不多，脉象沉细，苔白。肺气虽得肃降，而肾虚未复，再以济生肾气丸加减。

桂心六分（研粉，饭丸吞），大熟地四钱，淡附片一钱半，萸肉二钱，淡苁蓉三钱，车前子三钱（包），炒怀牛膝三钱，茯苓五钱，泽泻三钱，米炒怀山药四钱，甘杞子三钱，制巴戟二钱，胡桃肉三枚（连衣打）。

五诊：气平，小溲增多，肾气丸四钱，每日分二次送吞。

【按语】治喘不离肺、脾、肾三脏，病在脾肺，邪在上、中焦，根蒂未伤，其病犹浅；在肾者，病出下焦，肾不纳气，阴阳枢纽失交，其病则深。本例证属肺肾同亏，本末俱

病。故以金水同治。前三诊用生脉散合温肾镇纳之剂，服后肺得清宁，肾得蛰藏，气逆渐平，口干咽燥转润，而独小便不多，乃肾虚开阖失司，故续用济生肾气丸加减，温肾化气行水。五诊小溲增多，脉转细缓，易汤为丸，以资巩固。

例5

钱某，男，76岁。11月，上海。

耄耋之年，下元久虚，入冬以来，咳喘频发，痰多稀白，行动气逆，形寒怕冷，饮食少进。今午突然口张息促，额汗如珠，面青足冷，俯伏几案，不能平卧，按脉两手沉细近微，舌淡苔薄。真气衰惫，孤阳欲脱，亟拟扶元镇固，以挽危急。

别直参三钱（另煎和入），蛤蚧尾一对（研细末，分二次吞），淡熟附块三钱，炮姜一钱半，北五味子一钱半，局方黑锡丹四钱（杵，包煎）。

二诊：昨进扶元救脱之剂，喘息略平，额汗已收，足冷转温，面容苍白，脉象细弱，精神疲乏，虚喘在肾，再当温摄下元。

熟附块四钱，熟地炭五钱，牛膝炭三钱，煨补骨脂三钱，炒葫芦巴三钱，制巴戟三钱，北五味子一钱半，沉香末八分（分冲），紫河车一钱半（焙，研细末，分吞），盐水炒紫衣胡桃肉四枚。

三诊：咳喘较平，已能平卧，饮食稍进，精神见振，唯腰膝酸软，动则气逆，脉象虽细，较前应指。再拟原法续进。

熟附块三钱，大熟地五钱，盐水炒怀牛膝三钱，煨补骨脂三钱，制巴戟三钱，潼蒺藜三钱，炒菟丝子三钱（包），北五味子一钱，灵磁石一两（先煎），紫河车一钱（焙，研

细末，分吞）。

四诊：喘逆渐平，咳少痰稀，胃纳已苏，面色转正，脉来细缓，舌苔薄白。再拟固摄肾气。

金匮肾气丸，每日早晚各服二钱，用淡盐汤送吞。

【按语】虚喘而见额汗面青，肢冷脉微，则一线孤阳，已将垂绝，故急进大剂参、附，峻补元阳，蛤蚧、黑锡镇固摄纳。服后汗收肢温，喘息转平。继用河车、熟地、故纸、巴戟、牛膝、胡桃、沉香等，助阳纳气。三诊后病情渐趋好转，接用金匮肾气丸，以固根蒂。先后四诊，环环相扣。

痰 饮 证

一、探求病因，明察标本

本文所论之痰饮即《金匮》所载之支饮证，以"咳逆倚息，气短不得卧，其形如肿"为主要临床见症。叶老认为支饮者良以饮邪侵及脏腑所致，故仲景指出："水在心，心下坚筑短气"；"水在肺，吐涎沫"；"水在脾，少气身重"；"水在肝，胁下支满，嚏而痛"；"水在肾，心下悸"。若内有饮停而复感外邪，表里合邪而壅阻于肺，则证见"满喘咳吐"以外，伴有表邪引起的"寒热，背痛，腰疼"，甚则咳剧而目泣出，喘甚而身瞤剧。究其饮邪不化，内停致病之原因，《金匮》未曾论及，但从"夫短气有微饮，当从小便去之，苓桂术甘汤主之，肾气丸亦主之"一节经文中亦可揣度。盖水即是饮，饮即是湿。本属一体，俱为阴邪。无阳则阴无以化，抑或脾阳不足，抑或肾阳内虚，脾肾阳虚则阳不化气，气不化湿，以致水湿不化而成饮邪，故叶老在医案中经常载有"阳虚水寒成饮"之说。至于脾肾两脏之间的关系，叶天士曰："脾阳虚者为外饮，肾阳虚者为内饮。"在脾肾之间分内外，别主次，对病因病机方面作出进一步的区别。叶老宗仲景与天士诸说，指出："脾主运化，饮食于中全赖脾土之蒸化转运，而脾阳又赖于肾阳之温煦，故肾阳不足则火衰不能熏土，土虚不能化物，以致水谷难化精微，而化为痰饮。"阐明了痰饮病由脾及肾与由肾及脾的病因与机转。除此以外，叶老认为脾气之健运除有赖肾阳的温煦，尚有赖乎肝气之疏调，因此肝脾不和而致脾运失调亦是停湿成饮的重要原因之一，所以"木横侮土，土郁而水谷不化，湿乃化饮"。还有"嗜酒生湿，酿痰成饮"，"年届花甲，命火式微，阳不胜阴，火不敌水，水寒成饮"等说，从饮食习惯与年龄体质方面对痰饮证的病因加以补充。总之，痰饮病之形成以脾肾两虚为根本病因，饮邪犯肺而生咳喘乃系基本病机所在，感受外邪，年老阳衰与肝脾失调则是诱发与加重疾病的重要因素。其中，脾肾之间以肾为主，脾为次；脏腑与饮邪之间以脏腑为本，饮邪为标；内饮与外邪之间以内饮为本，外邪为标。这种在病因学上的关于主次、内外、标本的认识与分析方法，十分切合临床。

二、通阳化饮，法宗长沙

叶老尝曰："水积于阴则为饮，饮凝于阳则为痰。"饮为阴邪，非温不化，故仲景有"病痰饮者，当以温药和之"之说，立苓桂术甘汤为主方，以桂枝、甘草通阳化饮，白术茯苓健脾渗湿，中阳复振则阴饮乃化。叶老治痰饮亦常以此方

为主，凡多年饮病或老年患者，症见形寒肢冷，咳嗽痰稀，苔白腻脉迟或缓滑者，每用之。叶老认为苓桂术甘汤本为痰饮病中脾虚者治本之剂，方中白术与甘草，二味虽能健脾补中，终究厌其呆滞，尤其是甘草，味甘性缓，有满中之弊，所以凡痰湿较重者常除去而易之以陈皮、姜半夏。并认为痰饮留聚为患，桂枝、茯苓、半夏三味为要药。桂枝味辛性温，能通阳化饮；茯苓淡渗能利湿健脾；半夏温燥，可燥湿蠲饮。三药相参，切合健脾利湿，通阳化饮之宗旨。若脾虚明显者，配以六君子汤，参苓白术散健脾化饮；肝郁气滞而中虚停饮者，合用制香附、台乌药、沉香曲、炒枳壳等理气化饮；中阳不足，寒饮较盛者，常以干姜、细辛助桂枝温中祛寒；饮邪上逆，喘咳气促者，则与旋覆代赭、苏子降气辈合用以降逆化饮。总之不离温药和之的宗旨。

三、外饮治脾，内饮治肾

叶老治痰饮重视脾肾两脏，强调内饮与外饮之区分。尝云："痰从脾阳不运而生，饮由肾寒水泛而成"；"脾阳虚为外饮，肾阳虚为内饮"；"外饮治脾，内饮治肾"这些观点都肇源于《金匮》，也受后世诸家医论之启发。所指外饮、内饮，属脾、属肾者，其内涵不仅指出病机与病位之不同，更表示病情的深浅与轻重。例如在痰饮初起，系脾虚湿滞成饮为患，其病在脾而及肺，病浅而较轻，为外饮，责之于脾虚运弱；如若饮病久发，脾虚及肾，肾阳内虚，阳不化气，气不化水，水泛为饮，则其病在肾而及脾及肺，病深且重，属内饮，咎在肾阳虚衰。故《金匮》设苓桂术甘汤治外饮，肾气丸治内饮。按苓桂术甘汤功在辛甘通阳，甘温健脾，淡渗除湿，系通阳健脾化饮之剂，组方十分严密，但对于脾虚甚者，尚嫌健运之药力不足，故叶老对于饮邪内停而形体虚弱，神倦身重，四肢乏力，纳谷不馨，大便溏泻者，常与六君子汤、参苓白术散、外台茯苓饮、理中汤之类合用，俾中阳鼓舞，脾轴健运，则饮食不失其度，运行不越其轨，痰饮之邪潜移而默化。治肾虚水泛之内饮，《金匮》立肾气与真武二方，叶老宗之，对于饮病久发，多年不已，气短脉微，畏寒肢冷，腰脊酸楚，甚或面浮脚肿、喘逆不能平卧者，随证选用肾气丸或真武汤，或配合黑锡丹共奏温煦下元，化气蠲饮，重镇摄纳之功。鉴于饮为有形之阴邪，不宜厚味黏滞之呆补，故叶老应用温肾蠲饮之剂常取附子、熟地、怀牛膝为主药，其中熟地用砂仁拌捣或炒炭以去其滋腻，怀牛膝用盐水拌炒以引经入肾，两味配合附子，守王冰"欲补其阳，当于阴中求阳"之法。同时合用补骨脂、巴戟、仙灵脾、胡桃肉等温阳纳肾，或佐黑锡丹镇逆祛痰以平喘。对于老年饮病久发，喘咳频作，动辄喘息，甚或口张息促，额汗如珠，面青肢冷，脉形沉微者，此为下元虚极，真气衰惫，孤阳欲脱之象，急急以大剂参附，佐入蛤蚧、炮姜、五味子，痰多者再加黑锡丹，峻补下元，以冀转危为安。对于黑锡丹，叶老指出此丹以硫黄、黑铅为主药，性热有毒，久用则重坠伤胃，温燥劫液，只宜暂用，不可久服，用量亦不宜过大，吞服以 3 克左右为宜，包煎在 12 克上下。

四、痰饮夹感，标本兼治

仲景治支饮，立小青龙汤解表散寒，温肺化饮，垂治疗支饮夹外感证之规范。叶老认为病痰饮者，良以饮邪充斥，淹蔽阳气，以致阳不外卫，无力御邪，所以稍有冒寒触风，

即可引动内饮夹感而发，故对于饮病夹感之证，当以散外邪，化内饮，标本同治为是。临床中对于外感风寒激动内饮而发病者，每以小青龙汤为主方随证加减以治。盖小青龙汤系麻、桂二方相合，减去杏仁、大枣，增入半夏、细辛、五味子组成。此方以麻、桂二药为君，桂枝与麻黄同属辛温解表之药，但桂枝长于解肌化饮，麻黄功在散寒祛痰。故凡饮病夹感而发，症见营卫失和，形寒肢冷显著者，重用桂枝，或不用麻黄，若寒邪束肺咳逆痰不易咯者，重用麻黄，或不用桂枝。至于干姜、细辛、五味子三味合用，功在散寒化饮，敛肺平喘，叶老在临床应用时，按咳，喘，痰三者之孰轻孰重而变化，咳逆而咯痰不爽者重用干姜、细辛，减少五味子用量；气喘较甚而咳痰不多者重用五味子，酌减干姜、细辛之剂量。细辛与干姜，前者散寒，后者温脾，凡痰多充斥于肺而外寒盛者主用细辛，饮盛内伏于脾而内寒著者主用干姜，表里邪盛则二者同用。此外，如若外邪郁而化热，出现恶寒发热，口渴，咳嗽痰浓，脉浮滑数，苔白腻兼黄者，治以小青龙加石膏或麻杏石甘汤，或大青龙汤急治其标，热盛者加黄芩清肺，喘息者合葶苈子泻肺。但俱以散寒蠲饮为主，增入清热涤痰为治。

五、未病先防，预防为主

捡阅叶老治痰饮医案，经常出现诸如"支饮每交冬春而发"，"阳虚痰饮，受寒触风，在冬春雨季猛发"，"痰饮……历来秋末冬初，受寒触风即作"等记述，了解到饮证之发作具有明显的季节特点，与气候因素密切相关，又说："饮为阴邪，能淹蔽阳气，在夏秋尚可，入冬阳微阴长，则阳气不能外卫，触寒受风，最易引发痰饮。"基于以上认识，叶老

把《金匮》"治未病"的思想贯穿于痰饮证的治疗之中，并按《内经》"春夏养阳，秋冬养阴"的理论，对于久患饮病者，主张在春夏阳盛季节，病情稳定，趁机培补脾肾阳气，意在阳得阳助则取效更速，收效益著。此种治法，开启了近代冬病夏治之先河。或在冬令收藏之季，在病情相对稳定时给服由肾气丸，右归丸，六君子汤与苓桂术甘等随证组合而成的膏方补药，滋肾健脾与通阳化饮并进，达到当年进补，来年饮病少发或不发之目的。此外，亦有采用外治者，嘱患者置备用生姜汁浸透之棉背心一件，晾干后收藏，于隆冬时穿上，外御三九凛冽之寒，内护脾肺不足之阳，以防范于疾病之未发。

六、病案举例

例 1

陈某，男，56 岁。11 月，昌化。

脾肾阳虚已久，水寒化饮，渍之于肺，咳嗽气逆，动则更甚，腰背酸痛，不耐久坐。腰为肾府，督脉行脊，肾虚督脉不充故也。两脉迟滑无力，拟壮肾阳，温化水饮。

淡熟附块三钱，炮姜二钱，淡吴萸五分，姜半夏二钱，白茯苓四钱，炒橘红一钱半，补骨脂三钱，盐水炒胡桃肉三钱，仙灵脾三钱，五味子一钱，煨狗脊四钱，盐水炒杞子三钱。

二诊：服前方后，脾肾之阳稍复，咳逆见差，腰背之痛亦减，苔白薄，脉如前，原方出入再进。

淡熟附块三钱，姜半夏三钱，米炒上潞参三钱，炒於术二钱，茯苓四钱，制巴戟三钱，炮姜一钱半捣炒北五味子一钱，鹿角片二钱，甘杞子三钱，化橘红一钱半，胡桃肉三

钱，补骨脂三钱，清炙款冬花三钱。

三诊：续服右归丸，六君丸各三钱，每日和匀分吞。

【按语】内饮之因，源于脾肾，治用暖肾通阳，温脾化饮。盖肾不暖则阳无以通，脾不温则饮无以化，所谓治病必求其本也。

例2

童某，男，53岁。10月，杭州市。

痰饮内留，受寒而发，咳嗽气逆，不得平卧，形寒怯冷，纳少呕恶，舌苔白腻，脉浮弦而滑。拟小青龙汤加减。

蜜炙麻黄八分，桂枝七分，姜半夏二钱，茯苓四钱，生甘草八分，炒橘红一钱半，炒白芍一钱半，白杏仁三钱（杵），炒苏子三钱（杵，包），干姜一钱拌捣炒五味子五分，煅鹅管石四钱。

二诊：服小青龙汤2剂，喘逆咳嗽顿差，形寒呕恶均除，风寒已解，饮未尽化，脉转缓滑。再以苓桂术甘汤加味。

桂枝七分，茯苓四钱，炒白术三钱，炮姜一钱拌捣炒五味子四分，炙甘草七分，旋覆花三钱（包），煅代赭石五钱，姜半夏二钱，鹿角片三钱，炒橘红一钱半，炙紫菀二钱。

【按语】本例为外感风寒，内停水饮之证，故用小青龙汤解表化饮，止咳平喘。二诊接用苓桂术甘合旋、赭、鹿角等温肾蠲饮，斡旋中枢，方虽两例，而治饮大法已备典范。

例3

陈某，男，65岁。10月，余杭。

脉来细弦而滑，火衰不能熏土，土虚不能化物，日进水谷，难化精微而为饮，咳嗽气逆，痰多白沫，阳虚气馁，畏寒肢冷，起动无力，动则气促。大气出于脾胃，根于丹田，治用健脾温肾，以蠲水饮。

米炒东洋参二钱半（先煎），姜半夏二钱，清炙甘草八分，茯苓五钱，炒於术二钱半，炮姜一钱，淡吴萸六分，炒杜仲四钱，炒胡芦巴三钱，煨补骨脂三钱，陈皮二钱，炒当归三钱。

二诊：咳嗽气逆已差，痰亦减少，起动稍感有力，胃纳亦可，唯畏寒肢冷如故，脉仍细滑，苔白。原意增减再进。

米炒上潞参四钱，炒於术二钱，云苓五钱，炮姜一钱，姜半夏三钱，川桂枝八分，煨补骨脂三钱，炒胡芦巴三钱，炒橘红一钱半，清炙甘草八分，炒白前二钱。

例4

赵某，女，50岁。11月，昌化。

阳虚，水饮停滞，咳逆，痰多稀薄，终日形寒恶冷，腰背酸疼，苔白，脉象沉细。宗《金匮》法。

黑锡丹二钱（杵，吞），炙桂枝一钱，茯苓四钱，炒白术二钱，炙甘草一钱，干姜一钱，姜半夏一钱半，五味子八分，炙紫菀三钱，鹿角霜三钱，炙白前二钱，炒苏子三钱（杵，包）。

【按语】痰饮系阴盛阳衰，本虚标实之证，健脾温肾，原属正治，以上两案，前者意在补火生土，健脾蠲饮；后者重在扶阳化饮，温肾纳气，所谓同中有异也。

例5

李某，女，52岁。4月，余杭。

中虚停饮，肝气郁滞，咳嗽胸胁引痛，背寒肢冷，大便溏泄，脉来右弦滑左细缓，仿严氏四磨饮法变通之。

沉香六分（磨汁，分冲），麸炒枳壳一钱，台乌药一钱半，姜半夏二钱，茯苓八钱，炙甘草八分，炒白前二钱，炮

姜八分，五味子四分，新会白一钱半，原怀山药三钱（杵），代赭石六钱，红枣四枚。

二诊：前进四磨合二陈，服后胸脘转舒，咳减，气亦渐平；唯大便仍溏，乃中州脾土虚寒耳。续以理中加味。

米炒东洋参三钱（先煎），土炒白术二钱，炮姜八分，炙甘草八分，带壳阳春砂一钱二分（杵，后下），台乌药一钱半，茯苓五钱，赭石六钱，新会白一钱，姜半夏三钱，原怀山药三钱（杵），沉香六分（磨汁，分冲）。

【按语】本例系中虚停饮，气机郁滞，处方用理气化饮，先治其标，继以温中健脾，乃顾其本。

例6

俞某，男，60岁。10月，临安。

脾阳虚则积湿为痰，肾阳愈则蓄水成饮。痰饮上泛，咳嗽气逆，痰味带咸，形寒畏冷，脉象滑而无力，舌苔薄腻。体虽虚，腻补难投，虑为痰饮树帜耳。

炮姜一钱拌捣炒五味子七分，细辛八分，姜夏二钱，茯苓四钱，炙橘红一钱半，金沸梗三钱（包），煅代赭石五钱，煅灵磁石五钱，炒杜仲四钱，沉香末六分（分冲），炙紫菀三钱，红枣三枚。

【按语】《明医杂著》载："痰之本，水也，原于肾；痰之动，湿也，主于脾。"此案脾阳既虚，肾阳亦衰，症见气逆息短，为肾气失纳，痰有咸味，乃肾虚水泛。主方不用肾气之类，恐其腻补碍邪，故用二陈理脾化湿，炮姜温中，五味敛肺，细辛温肾行水，沉香、二石镇逆纳气。方从青龙化裁，用药颇为灵动。

例7

孟某，男，49岁。9月，余杭。

夙有饮病，复受外感，咳嗽气喘，痰不易出，脉象弦滑而数，苔白中黄。伏饮与新感相激，饮邪夹热之证，小青龙加石膏法。

炙麻黄八分，川桂枝七分，石膏八钱（杵，先煎），干姜一钱拌捣炒五味子七分，炙甘草七分，细辛八分，白杏仁三钱（杵），茯苓四钱，宋半夏二钱半，炙酥皂荚子一钱二分，炒白前二钱，炒苏子二钱半（杵，包）。

例8

黄某，男，55岁。1月。

触感引起支饮复发，形寒壮热无汗，咳嗽气逆，痰多白黏，胸闷气塞，食欲不振，苔腻，脉来滑数，仿长沙法。

清炙麻黄一钱半，杏仁三钱，生石膏四钱，甘草五分，橘红二钱，宋半夏二钱半，清炙前胡二钱半，蛤壳五钱，甜葶苈子二钱，茯苓四钱，炒北秫米四钱（包煎）。

二诊：前方服后仍不见汗，形寒如故，体温高至39℃，热甚谵语，咳嗽痰稠难吐，气逆未平，大便虽下，溲仍短赤。原方出入再进。

甜葶苈子二钱，麻黄一钱半，生石膏四钱，炙前胡二钱半，橘红二钱茯苓三钱，竹沥半夏二钱半，杏仁三钱，冬瓜仁四钱，冬桑叶四钱，生甘草三分，大枣三枚。

三诊：见薄汗，身热渐退，咳逆较平，寐中仍有谵语，痰未尽消耳。仍宗前法，佐镇降之味。

麻黄一钱二分，杏仁三钱，生石膏五钱，炙前胡二钱半，蛤壳五钱，橘红二钱，辰茯神三钱，竹茹三钱，旋覆花三钱（包煎），甜葶苈子二钱，灵磁石一两。3剂。

四诊：热退咳减，气逆渐平，并思纳食，唯寐中尚多梦扰，舌净，脉缓无力。当予顾本。

上党参二钱，茯神四钱，橘红二钱，炙前胡二钱半，冬瓜仁四钱，稽豆衣三钱，竹茹三钱，炒晒术一钱半，夜交藤三钱，蛤壳五钱。5剂。

【按语】痰饮夹感，咳喘多痰，治宜泄肺化饮平喘。前案外寒内饮兼有郁热，用小青龙加石膏，散寒蠲饮，兼清郁热。方中加皂荚子一味，叶老取其滑降，以治顽痰难出、风痰壅盛屡效。后案痰热壅盛，肺金失肃，故用麻杏石甘合葶苈大枣加味，以清热泻肺，化痰降逆，药后热清痰消，效如桴鼓。

肺 痈 证

一、肺痈证论治

肺痈一证以咳嗽、痰出稠黄腥臭或夹血、胸痛或发热为主症，口干或便秘，此由痰热内结，日久化脓。叶老治之以清热解毒，行瘀散结为首务，常用千金苇茎汤合白虎汤为主方，加黄芩、鱼腥草或忍冬藤、蒲公英解毒，川贝、蛤壳或黛蛤散化热痰，败酱草、赤芍祛瘀，白薇、丹皮清虚热，降香、橘络、郁金通络止痛，病久而体虚阴亏者，加西洋参、鲜石斛、麦冬等养阴滋液。盖热清瘀祛痰消结散则其脓自消矣。

二、病案举例

例1

金某，50岁。8月，于潜。

咳嗽痰多腥臭，而夹脓血，咳时胸胁作痛，下午身热，脉滑数，舌尖绛，中燥白。仿千金苇茎合白虎法。

鲜芦根二两（去节），冬瓜仁五钱，生苡仁四钱，生石膏八钱（杵，先煎），知母四钱，生甘草三钱，桃仁七分（杵），淡子芩二钱，鱼腥草六钱（后下），川贝一钱半，白薇三钱。

二诊：前方服后，热退咳减，胸胁之痛亦差，痰少，腥臭尚存。原法增减续进。

生石膏八钱（杵，先煎），知母四钱，生甘草二钱半，淡子芩二钱，川贝母一钱半，天花粉二钱，鱼腥草四钱（后下），半枝莲三钱，冬瓜仁六钱，桃仁六分（杵），蒲公英三钱，忍冬藤四钱，鲜芦根一两五钱（去节）。

三诊：两进清肺排脓之剂，腥臭之痰日渐减少，胸痛咳嗽亦差。再清肺热而化痰浊。

生石膏七钱（杵，先煎），生甘草三钱，知母四钱，冬瓜仁四钱，生苡仁四钱，桃仁一钱（杵），鱼腥草四钱（后下），败酱草八钱，白薇三钱，炙前胡二钱，鲜芦根一两（去节）。

【按语】叶老治肺痈，常用千金苇茎合白虎加淡芩，以清热散结。若脓已成，则增入鱼腥草、败酱草、半枝莲等解毒排脓，效果颇好。

例2

倪某，男，40岁。9月，昌化。

平素嗜酒，痰湿内滞，久蕴化热，熏灼肺胃，身热咳嗽，胸胁作痛，痰多腥红，咽喉梗疼，唇舌糜烂，舌紫绛，中剥，脉象弦数。热壅血凝，肺痈已成，但体属阴虚，不可忽视。

西洋参二钱（另煎加入），鲜石斛五钱（劈，先煎），鲜芦根二尺（去节），鲜生地六钱，败酱草三钱，丹皮二钱，

桃仁七分（杵），麦冬三钱（青黛三分拌），人中黄一钱半，冬瓜子五钱，板蓝根二钱，赤芍二钱，降香八分（后下）。

二诊：前方服后，热退咳减，咽痛见轻，胸胁之疼亦差，痰多腥臭如故。原法出入。

川贝三钱，鲜石斛三钱半（劈，先煎），鲜芦根一尺（去节），桃仁八分（杵），冬瓜子五钱，生苡仁四钱，鲜竹茹三钱，板蓝根二钱半，丹皮二钱，赤芍二钱，黛蛤散四钱（包），麸炒枳实六分，生赭石五钱（杵），橘红一钱半，鲜石斛三钱（劈，先煎）。

三诊：两脉已转平缓，舌质干绛转润，咳减腥痰渐少，胸胁之痛不若前甚，唇舌糜烂，咽喉之痛亦愈。阴虚渐复，痰火尚未清撤尔。

扁石斛三钱（劈，先煎），橘红络各一钱半，鲜竹茹三钱，板蓝根一钱半，赤芍一钱半，桃仁八分（杵），青黛拌茯神五钱，冬瓜子三钱，粉丹皮二钱，川郁金二钱，生苡仁三钱，生蛤壳五钱（杵），川贝二钱，麸炒枳壳六分，鲜芦根一尺（去节）。

【按语】此例为肺痈之见有阴虚者，故在清肺泄热解毒之中，佐以参、麦等以养阴滋液，虚实两顾。

肿　胀　证

叶老治水肿宗《金匮》法，又师丹溪阴水阳水之辨。主张治病求本，反对一味渗利逐水，常以"过利伤肾"为戒。临床中以辨别表里虚实寒热为首务。在表者按"风水"论

治，以实为主，或实中夹虚，亦有属虚者，甚少见，又以江南气温，故属热者多，属寒者少。用药采越婢汤、越婢加术汤、越婢加附子汤诸方为主；属寒者每以甘草麻黄汤或麻附细辛汤，或与五苓散同用，盖肺脉起于中焦，肺金生于脾土也；属虚者选用防己黄芪汤合五苓同用。在里者，证候变化良多，或虚、或实、或虚实夹杂，或寒、或热、或寒热错杂，但总以虚寒为多，实热较少。治疗重在脾肾，兼及肺肝，并注意对兼夹证之处理。用药以《金匮》方为主，随证变化，不拘于一格。

一、阳水

1. 热证

发于风热外感之后，多已表解热退，或咽痛，咳嗽未除。面目浮肿，亦有兼以足肿，甚或一身悉肿者，小溲短少而黄。叶老宗"病始于上，而盛于下者，先治其上"。从肺论治，主以疏肺气，清余热，宣通三焦法，采《金匮》越婢原方，以姜皮易生姜，并与五皮饮合用。兼有足肿者加白术，畏风恶寒者加附子少许。叶老认为此证表邪已解而热仍不清，肺气不宣，三焦失利，治疗方法，消肿不在渗利，而在宣肺气利水道，盖三焦利，水道通则水自下行而肿自消也。良以表邪已解，故不必用生姜配麻黄发散，改以姜皮合麻黄，姜皮辛凉，和脾而行水也。若脚肿明显而按之窅，或肿及全身而不渴便溏者，则以越婢与五苓合用，手足太阴并治，或再加椒目行水，若表邪未解，则采大青龙法。

2. 寒证

始于风寒外感之后，表已解或未解，头面浮肿，或伴足肿，恶寒怕风，无汗，鼻塞咽痒或兼咳嗽为主症。此为风寒

束表，肺气失以宣畅，三焦为之不利，叶老宗《金匮》"腰以上肿，当发汗乃愈"，采用甘草麻黄汤合五皮饮。叶老用五皮饮，除姜皮、苓皮、陈皮、大腹皮以外，属热者用桑白皮，属寒者改用五加皮之辛苦温以祛风胜湿。若寒甚卫虚而恶寒明显，神怠自汗者，改以麻黄附子细辛汤为主方加味以治。

二、阴水

1. 脾阳虚弱

叶老认为脾阳不振，中寒内生，浊阴停滞，水反侮土，水湿泛溢，发为浮肿。证见脚肿或全身漫肿，常多时不消，或反复不已，口淡纳减，尿少便溏，困怠肢软，或胸宇塞闷。宗《医学入门》"苦温燥脾胜湿，辛热导气扶阳"治法，喜用实脾饮为主方以治，盖土属卑溢，喜燥恶湿，职本制水而反为水侮，土在水中，生机当泯。故治疗首在扶脾阳如附子、干姜，补脾虚如白术、甘草，燥脾湿如川朴、草果，消脾积如木香、槟榔，再以桂枝合茯苓以及冬葵子、平地木等通阳渗湿以复脾运。叶老治病重在治本，阳不复则脾不运，脾不运则湿不化，水无以制，肿无以消。虽水肿较著者，利水消肿之药用之不多，力也不峻。浮肿基本消退以后，改用脾肾双补法，以四君补脾虚，附块、巴戟、胡芦巴扶肾阳，参以平地木、冬葵子，或合桂枝消未尽之肿。最后以桂附八味丸去丹皮，加党参、黄芪、巴戟、胡芦巴等善后。

2. 肾阳式微

命门火衰，脾失温运，水无所主，亦无所制，泛滥横溢，遂成浮肿。症见浮肿，按之没指，或伴腹大，甚者息

促，畏寒怕风，神惫腰酸，溲少便溏，纳食减少。叶老治用益火之源以消阴翳法，以《金匮》八味肾气丸为主方。用药如肉桂、附子、熟地、萸肉、怀山药、茯苓、泽泻、砂仁、巴戟、胡芦巴、平地木、冬葵子等。俾阴从阳化，则三焦决渎有权，水道得以通利，溲增而肿势可消。对于肿势较甚而小溲量少，叶老宗急则治标法，加大利水消肿药物之应用，除茯苓、泽泻、椒目以外，好用平地木、冬葵子、瞿麦之类，以其力缓而不伤正气也。待肿消以后，仍以金匮肾气为主方，加入党参、黄芪、杞子、甘草、鹿角胶等，或去肉桂、丹皮为巩固治疗。

三、臌胀

臌与胀有别，前人以中空无物为胀，水液停蓄为臌。叶老认为胀不兼臌，臌必兼胀，故将臌证名之臌胀。其治疗注重肝脾肾三脏，水气瘀三邪。并认为病至成臌，由来非暂，故病不在一脏，邪亦非一种，往往错综复杂，必须详于辨析。

1. 肝脾同病

此由情怀不畅已久，肝失调达，木乘脾土，脾运为之失职，于是枢机不利，隧道瘀塞，水气停聚，酿成臌胀。症见腹大如鼓，胀及胸宇，饮食减少，食下其胀益著，小溲短少，或腹部青筋显露，或兼有虚潮寒热，四肢瘦削，或见轻度足肿者。良以气为血帅，气滞既久，血行失畅而致瘀结内留。故治以疏肝利气，消水破瘀为法。仿导气丸法。以柴胡、枳实、青皮疏肝导滞，莪术、五灵脂、地鳖虫活血破瘀，鳖甲、山楂消坚散结，泽泻、镇坎散等行气消水。叶老认为此证肝强而脾弱，标实而本虚，当腹大胀甚时，予破气

行瘀消水之法，待证势少缓则攻逐不宜太过，并酌加白术，俟胀势十去其六，再加党参、当归、白芍等，合成攻补兼施之治法。最后以逍遥散为主方，肝脾气血兼调以善后。此乃李中梓"先以清利疏导，继以补中调摄"之治法。

2. 脾肾同病

此由肝脾先病，经久不已，继伤肾阳。见症如腹筒膨脝，青筋显露，按之坚满，小溲不利，或下肢肿，按之窅，畏寒怯冷，四肢不暖。治以温运脾肾，化气利水。常用实脾饮为主方。用药如附块、干姜、吴萸暖三阴，小葫芦、虫笋、地骷髅加桂枝木、椒目、镇坎散通阳利水，或参川朴、槟榔、枳实消胀，巴戟、胡芦巴、炮姜温肾，白术健脾，他如茯苓、车前子、冬葵子等利水之品俱可酌情加入。叶老治此证采用标本兼治法，具体用法或偏于攻邪，或偏于顾本，按证势之缓急而变化，但对于利水药常采用力缓之品，慎用峻逐，尤恐过利而再伤其肾也。

3. 湿胜困脾

证因久处湿地，太阴受困，无阳以化，浊阴凝聚。症见腹大如瓮，脘宇满闷，肌肉消瘦，渴不喜欢，肢软困怠。叶老认为此由湿阻气机，清浊相混，宜以温中行气为治。主用小温中丸为主方。选用姜半夏、陈皮、茯苓化痰湿以舒脾郁，合大腹皮、椒目、针砂下水消臌，香附、神曲温中导滞，白术、丹参健脾和血，湿郁化热者加川连，湿胜内寒者入桂枝。小温中丸与越鞠丸均为丹溪方，主治湿郁，前者偏温，后者偏凉，其组方异曲而同工，故叶老应用小温中丸治湿胜困脾之臌胀时，去苦参之大苦大寒，改以丹参之和血，可谓真知灼见，深谙丹溪用药之奥妙。待证势缓解以后，改用六君子汤善后，或与苓桂术甘相配，或与平胃散合用，辨

证以进。

4.瘀血内结

罹病多年不愈，或值产后汛事不行，恶血内留，久而血残气惫，日久化水。证见腹部臌胀，全身水肿，形寒肢冷，腰脊酸坠，或右胁，或少腹，结痛时作。叶老认为此与《金匮》水气篇之"血分"证相近，按《内经》论血脉有"寒则凝泣，温则通"之说，治用温通，佐以理血，仿小调经散之意。药用肉桂心、炮姜、紫石英或合附块、胡芦巴温肾阳，暖冲任，香附、川芎、当归、白芍养血和血，茯苓、泽泻、冬葵子、大腹皮利水消肿。右胁或少腹结痛者，川楝子、制玄胡、吴萸等亦常加入。叶老治此证，虽因血瘀，但应用活血破瘀之品较少而以温经理血药物为主，盖血者神气也，久病之人不宜过于攻伐。

此外，叶老认为前人虽有实胀宜下之说，但臌胀一证病根深痼，难以速除，且又实中夹虚，故不求速效，慎用攻逐。对于十枣丸等峻烈逐水之剂，慎之又慎，很少应用，间或用之，亦仅以己、椒、苈、黄加商陆以进，且得泻即止，从不过剂，以免重伤正气，抑或导致便血，转成败证。

四、病案举例

例1

林某，女，22岁。2月，杭州。

始有寒热，治后虽退，而咳嗽不已，由上而下全身漫肿，头大如斗，双目合缝，气逆不耐平卧，小溲短少，食入腹箪作胀，按脉浮滑而数，舌苔白薄。水气内停，风邪外袭，两者相搏，溢于皮肤成肿。经云："病始于上而盛于下者，先治其上。"拟大青龙法。

生麻黄一钱, 白杏仁三钱 (杵), 生石膏五钱 (杵, 先煎), 甘草八分, 桂枝木八分, 陈皮一钱半, 粉猪苓三钱, 生姜皮五分, 茯苓皮四钱, 清炙桑白皮三钱, 炒椒目一钱半 (包)。

二诊: 气逆略平, 汗出无多, 咳嗽如故, 肿势未消, 按脉浮滑, 舌苔白薄。水气逆肺, 肺失肃降, 气机不利, 水湿难消。再拟疏风宣肺, 行气利水。

生麻黄一钱, 白杏仁三钱 (杵), 桂枝木一钱半, 生石膏五钱 (杵, 先煎), 冬瓜子皮各四钱, 陈皮一钱半, 带皮苓三钱, 清炙桑白皮三钱, 炒椒目一钱 (包), 生姜皮八分, 紫背浮萍二钱。

三诊: 肺气得宣, 汗出尿增, 水肿十去五六, 咳嗽大减, 气逆渐平, 脉浮, 苔白。病有转机, 再拟原法出入。

生麻黄五分, 白杏仁三钱 (杵), 桂枝木一钱, 茯苓三钱, 炒晒白术一钱半, 炙陈皮一钱半, 炒枳壳一钱半, 泽泻二钱, 大腹皮三钱, 防己一钱半, 清炙桑白皮二钱。

四诊: 水肿已退八九, 气逆亦平, 食后腹笥仍胀, 脉弦而细, 舌苔白薄。水为阴邪, 水湿久停, 中阳不展, 脾失健运, 再拟温中化气利水。

桂枝木一钱半, 姜皮一钱, 冬瓜子皮各四钱, 清炙桑皮三钱, 茯苓皮五钱, 泽泻二钱, 炒晒白术二钱, 猪苓三钱, 炒椒目一钱, 平地木五钱, 大腹皮三钱, 红枣五枚。

五诊、六诊: 水肿已消, 咳嗽气逆俱平, 接服六君子汤加猪苓、泽泻、桂枝等健脾化湿, 连续进 10 余剂而告痊愈。

【按语】古人以先喘后胀治肺, 先胀后喘治脾。肺主一身之表, 与皮毛合, 风邪袭表, 则肺气不宣, 气滞则水不行, 流溢肌肤成肿。《金匮》云: "诸有水者, 腰以下肿, 当利小便，腰以上肿，当发汗乃愈。"患者初起形寒身热，先肿头面，由上而下，属风水，治当发汗。迭进泄表行水，服后汗出，咳逆渐平，水肿消去大半，病势显有转机，而两脉仍有浮象，既已汗不宜过汗，故接用通阳利水，五苓、五皮加减，少佐麻黄宣肺利气，以通水道。以后水肿已消，但水湿内聚，属于阳气不足，故续以六君子加味和中煦阳，使中焦阳气日隆。则水有所制，而不复聚。

例 2

魏某，男，7 岁。10 月，昌化。

全身浮肿，日久未消，迩又咳喘之增，胸闷纳呆，渴不欲饮。前医曾用宣肺疏表，肿势未消，两脉沉细，乃脾虚不能制水，水气泛滥，上渍于肺，而致咳喘不已。治拟宣肺温脾，以消浊阴。

桂枝木一钱，炒橘红七分，冬瓜子皮各三钱，制巴戟一钱半，仙半夏二钱，茯苓四钱，淡熟附块一钱半，泽泻一钱半，炒胡芦巴二钱半，生姜皮一钱，杏仁三钱（杵）。

二诊：前用通阳利水，阴霾渐消，反不口渴，全身浮肿逐渐消退，中脘胀闷亦减。前方既效，再守原法出入。

桂枝木一钱，茯苓四钱，淡熟附块二钱，陈皮二钱，炒胡芦巴二钱半，姜皮一钱二分，平地木三钱，泽泻一钱半，冬瓜子皮各三钱，陈香橼皮三钱，制巴戟二钱。

此方服 3 剂后，肿退症状消失。

【按语】此案属脾肾阳虚，肾虚不能行水，浊阴泛滥，脾虚失于运化，水湿停滞。全身浮肿日久不消，水气上冲渍肺，而致咳喘，故用温肾助阳，崇土制水之法，此与上例风水因风邪壅肺，肺气不宣引起之咳喘，病机各有不同，治疗亦异。

例3

蒋某，男，24岁。8月，杭州。

脾土为湿所困，健运失权，阴寒偏胜，全身漫肿，已达二月未退，胸宇塞闷，口淡无味，胃纳减退，小溲短少，大便溏泄，两脉涩迟，舌苔白腻。脾阳不振，浊阴停滞，水反侮土。治拟温中实脾。

桂枝木一钱，制苍术二钱，淡附子二钱，姜皮一钱半，京小葫芦五钱，茯苓皮五钱，煨草果二钱，陈皮一钱半，枣儿槟榔三钱（杵），平地木五钱，制川朴一钱半。

二诊：服实脾饮加减，小溲增多，水肿略见消退，腹胀较宽，大便已不溏薄，而胃纳不佳如故，脉象细迟，舌苔白薄。脾阳未展，浊阴难消。再守原法出入。

桂枝木一钱，炒苍术一钱半，冬瓜子皮各四钱，制川朴一钱半，煨草果二钱，茯苓四钱，枣儿槟榔三钱（杵），生姜皮一钱半，冬葵子三钱，平地木五钱，淡附子三钱，炙陈香橼皮一钱半。

三诊：脾阳有来复之渐，小溲增多，全身肿胀，已去其半。日前又受外感，形寒身热，鼻塞头痛，稍有咳嗽，脉浮数，苔白薄。先拟解表疏邪，杏苏散加减。

杜苏叶一钱半，白杏仁三钱（杵），炙橘红一钱半，炙前胡二钱，薄荷叶一钱（后下），桔梗一钱半，宋半夏二钱，茯苓四钱，炒枳壳一钱半，青防风一钱半，生姜二片。

四诊：感冒已愈，小溲亦多，唯纳食欠馨，口淡而腻，腹笥仍胀，脉象沉细，舌苔白薄。中阳久伤，纳运失和，表证已解，仍当治本。

淡附子三钱，茯苓四钱，桂枝木一钱半，制川朴一钱半，炒晒白术二钱，炒枳壳一钱半，平地木八钱，陈皮一钱

半，煨草果一钱半，杜苏叶一钱半，炒椒目一钱（包）。

五诊：水肿消退七八，腹笥胀满已宽，纳食增加，而神倦乏力如故，脉象沉细，较前有力，舌苔白薄。脾阳得展，浊阴无以再存，前法仍可再进。

淡附块三钱，茯苓四钱，米炒上潞参二钱，炙陈皮一钱半，桂枝木一钱半，姜皮一钱半，冬葵子三钱，冬瓜子皮各四钱。

六诊：迭进崇土温运，全身水肿已退，胃纳亦复正常，脉象较前有力，舌苔白薄。阳气得振，水湿自行，再拟健脾温肾。

米炒上潞参三钱，枝桂一钱，淡附块二钱，茯苓四钱，炒晒白术二钱，炙陈皮一钱半，平地木三钱，川朴一钱半，冬葵子三钱，制巴戟三钱，炒胡芦巴三钱。

七诊：水肿消后，胃纳转佳，邪去正虚未复，再拟温补脾肾。

淡附块三钱，桂枝一钱，大熟地四钱，制巴戟三钱，炙黄芪三钱，茯苓四钱，炒上潞参三钱，陈皮一钱半，米炒怀山药三钱，炒胡芦巴四钱，泽泻二钱。

八诊：以桂附八味去丹皮，加参、芪、巴戟、胡芦巴，又服 20 余剂后，易汤为丸，继服。

【按语】患者全身浮肿，胸腹胀满，纳食减退，大便溏薄，两脉涩迟，舌苔白腻，为脾阳虚弱，运行失职，水湿停滞，溢于肌肤而肿。《医学入门》云："治阴水宜苦温燥脾胜湿，辛热导气扶阳。"治用实脾饮加减。方用苓、术实脾，附子、草果温脾，葫芦壳、平地木利水，槟榔、川朴、陈皮行气消水，桂枝通阳行水。盖气者水之母也，土者水之防也，气行则水行，土实则水治。连续五诊，均以此方增损，

以后改用两补脾肾，共服 60 余剂，诸症消失。

本例系浙江省中医院住院病人，入院时检查，蛋白尿（＋＋＋），颗粒管型（＋＋），非蛋白氮 36mg/dL，红细胞 3.20×10^{12}/L，血色素 10.5g/dL，该院诊断为慢性肾炎（肾变性期）。入院后，曾服五皮、五苓、导水茯苓汤等，而无显效，后请叶老会诊 11 次，水肿尽退，症状消失。出院时检查，尿蛋白痕迹，非蛋白氮 50mg/dL，红细胞计数 3.85×10^{12}/L，血色素 12g/dL。

例 4

陈某，男，49 岁。11 月，杭州。

全身浮肿，接之没指，两月未消，面色苍白，腰背酸痛，纳食减退，少腹阴冷，大便溏薄，两脉沉细乏力，舌苔白薄。命门火衰，脾失温运，治当益火之源，以消阴翳，金匮肾气丸加减。

砂仁八分拌捣熟地五钱，泽泻二钱，淡熟附子二钱，陈萸肉二钱，平地木五钱，制巴戟三钱，肉桂心一钱（研细，饭丸吞），茯苓四钱，炒胡芦巴三钱，瞿麦三钱，怀牛膝三钱。

二诊：前进温补下焦，少火生气，中州得暖，水湿运行。小溲日益增多，水肿逐渐消退，而腰背酸痛如故，口干而不喜饮，乃阳气抑郁，津液不能上腾。再守原法出入。

砂仁八分拌捣熟地五钱，泽泻二钱，肉桂心一钱（研细，饭丸吞），茯苓四钱，冬葵子三钱，制巴戟二钱，炒胡芦巴四钱，米炒怀山药三钱，炒怀牛膝三钱，淡附子三钱，炒椒目一钱半。

三诊至五诊：水肿继续消退，仍宗原法，增损不多（略）。

六诊：水肿尽消，纳食如常，唯脉象沉细无力如故，舌

苔白薄。水湿久留，真阳埋没，虽然迭进温补，浊阴已消，而肾气久伤，恢复非易，再拟温肾益脾，俾使元阳来复，则阴邪无以再存。

鹿角胶二钱（另烊，冲），米炒上潞参三钱，陈萸肉二钱，茯苓四钱，清炙黄芪三钱，炒杞子三钱，砂仁八分拌捣熟地四钱，泽泻二钱，米炒怀山药三钱，炒胡芦巴一钱，淡附子一钱。

上方共服 30 余剂，体力复常，恢复工作，以后常吞金匮肾气丸巩固。

【按语】患者两脉沉细，少腹阴冷，食少便溏，为命门火衰，火衰不能温土，土虚无以制水，水积气壅，泛滥成肿，用金匮肾气丸加减，乃仿益火之源以消阴翳，俾使阴从阳化，三焦决渎有权，水道通利，溲多肿消，而脉象沉细如故，乃浊阴久停，肾阳一时难复，故六诊中再加参、芪、鹿角胶、杞子等益气温肾，使之巩固。

例 5

冯某，男，30 岁。5 月，杭州。

起由饮食所伤，气机阻塞，血不畅行，水血相混，腹胀如鼓，青筋显露，兼有寒热，纳食不佳，小溲短少，脉来弦涩。肝脾同病，治以理气行瘀。

鳖血炒柴胡一钱，醋炙地鳖虫四钱，生鳖甲五钱，醋炒蓬术二钱，五灵脂三钱（包），山楂炭二钱，晚蚕沙四钱（包），炙青皮一钱半，大腹皮二钱，炒桃仁一钱半（杵），生赤芍二钱，镇坎散二钱（吞）。

二诊：肝气乘脾，气滞血瘀，腹笥胀大，前用攻瘀之剂，腹胀略消，小溲增多，脉弦苔白，前方既效，循序而进，可望转机。

麸炒枳实一钱八分，炒蓬术一钱半，炒江西术三钱，泽泻三钱，醋炒地鳖虫四钱，炙陈皮二钱，醋炙鳖甲四钱，桃仁二钱（杵），梗通草三钱，五灵脂二钱半（包），山楂肉二钱，镇坎散二钱（吞）。

【按语】先起伤于饮食，脾气已虚；又因情志抑郁，肝失调达。脾虚运化失职，浊气蕴滞，肝郁气机不利，瘀阻隧道，水气内聚，乃成臌胀。故以桃仁、蓬术、五灵脂、地鳖虫活血破瘀，柴胡、枳实、楂肉疏肝导滞，镇坎散行气消水，方药妥帖，服后即见转机。但病情错综复杂，非数十剂而能起色。奈三诊后处方业已散佚，难窥全豹，深为可惜。

例6

王某，男，42岁。5月，吴江。

久居湿地，太阴受困，脾湿有余，无阳以化，浊阴凝聚而成膨胀，腹大如瓮，肌肉消瘦，渴不喜饮，胃纳不佳，脉象弦细，舌苔白腻。湿阻气滞，清浊相混，治拟温中行气。

制苍术一钱半，赤苓四钱，淬针砂一两（先煎），丹参三钱，制香附二钱，焦神曲二钱，炙陈香橼皮二钱，炒川连八分，炒椒目一钱半，姜半夏二钱半，大腹绒三钱。

二诊：用小温中丸加减，小溲增多，腹胀略宽，胃纳转佳。脾阳有鼓动之渐，气机有斡旋之意，原法既效，大意毋庸更改。

淬针砂一两（先煎），赤苓三钱，姜半夏二钱半，猪苓二钱，制香附二钱，丹参三钱，桂枝木一钱，青皮二钱，大腹绒三钱，陈香橼皮二钱，制苍术二钱。

三诊：腹胀逐渐见宽，胃气已苏，纳食亦有馨味。太阴湿困已久，再拟扶脾理气。

米炒於术一钱半，淬针砂一两（先煎），陈香橼皮一钱

半，茯苓四钱，麸炒枳实一钱，焦神曲二钱，炒丹参三钱，桂枝八分，制香附二钱，平地木五钱，大腹皮三钱。

【按语】五脏六腑，皆能为胀，而其本出于脾胃。胃主受纳，脾司运化，脾胃为病，纳化失司，气滞湿停，渐致成胀。本例由湿困太阴所致，仿丹溪小温中丸加减，温运脾阳，气行则水行，腹胀自宽矣。

例7

陈某，男，40岁。4月，广德。

肝脾失于疏和，气滞水不畅行，浊阴凝聚，渐致腹笥膨胀，按之甚坚，小溲不利，而成膨胀重症，脉象迟细。当用温通。

官桂一钱半，川椒目一钱，制厚朴一钱半，煨草果一钱半，姜半夏二钱半，炒晒术二钱，麸炒枳实一钱二分，生山楂三钱，花槟榔三钱，地骷髅五钱，冬葵子二钱，红枣四枚。

二诊：蓄水未消，腹胀如故，浊阴上泛而欲呕吐，脉象如前，仍守原法。

熟附块三钱，川椒目一钱，淡干姜二钱，桂枝木一钱，淡吴萸五分，制川朴二钱，京小葫芦五钱，虫笋五钱，冬葵子三钱，地骷髅五钱，镇坎散二钱（另吞）。

三诊：两进温通利水，中阳稍振，浊阴不泛，呕恶已除，腹部之胀略宽，形寒脉细，再拟温肾助阳继之。

熟附块三钱，桂枝木一钱，炮姜一钱半，淡吴萸五分，茯苓四钱，川椒目一钱，制巴戟二钱，炒胡芦巴四钱，京小葫芦四钱，虫笋五钱，炒车前子三钱，冬葵子三钱，镇坎散二钱（分吞）。

【按语】此系肝脾先病，继伤肾阳，故初用实脾饮法，

重在温运脾阳，化气利水；续方加附子、干姜、胡芦巴、巴
戟为暖肾助阳，冀其脾肾之阳振复，则阴霾之邪自消，徒用
攻逐，非所宜也。

例8

丁某，女，30岁。闲林镇。

产后冲任两竭，汛事先断，久而血残气惫，八脉支离。
血积胞宫，水泛肓膜，少腹结痛，痞满肿胀，遍身浮肿，形
寒肢冷，腰脊酸坠，延成冷癖。脉细，苔光舌淡。病起五
年，难取速效，先拟温通。

瑶桂心六分（另吞），抚芎一钱五分，川楝子三钱，香
附二钱，全当归四钱，冬瓜子三钱，杭白菊三钱，广郁金二
钱，紫石英五钱，炮姜一钱，淡吴萸五分，大腹皮二钱，楂
炭二钱。

二诊：前勉温通奇经，水道已有所泄，肿胀渐消，胃阳
略醒。脉沉而细涩，仍宗原法出入。

淡附片八分，炒米仁四钱，抚芎一钱五分，炒冬葵子三
钱，桂心六分，胡芦巴三钱，楂炭四钱，泽泻三钱，泽兰三
钱，白芍一钱五分，制香附二钱，当归三钱，紫石英五钱，
茯苓六钱。

三诊：历进金匮法，胀满虽十去六七，头面手臂浮肿未
消。是水气仍未下行，邪干阳位之征也。

黑肾气丸三钱（晨吞），椒目一钱，紫石英四钱，茯苓
五钱，梗通草三钱，冬瓜子皮三钱，陈香橼皮三钱，川芎一
钱五分，附子八分，炒米仁三钱，当归三钱，广木香一钱，
桂心七分，冬葵子三钱，平地木四钱。

【按语】 产损冲任，经事不行，恶血内留，日久化水，
以致腹中痞满肿胀，遍身浮肿。此仲景所谓病"血分"是

也。《金匮要略》说："经水前断后病水，名曰血分。"因血而病水，血病深而难通，故仲景认为"此病难治"。是以痼疾已有数年之久。考其病源，由寒客胞宫，上伤厥阴之脉，下伤少阴之络所致。《内经》曰："脏寒生满病。"满在表则温而散之，满在里则温而行之，故叶老治用温通之剂，佐以调血，使寒祛阳运而水泄，病势得减。

胃脘痛证

胃脘痛系以胃脘部痞、满、胀、痛以及嘈杂、呕酸、泛恶、纳便不调为主症的证候。叶老治胃病颇具特长，兹简要归纳如下。

一、注重胃腑的和降通达

脾胃相合，俱属土脏。脾为脏，属太阴而恶湿，胃为腑，属阳明而喜润，故脾为阴土，胃属阳土。经云："五脏者，藏精气而不泻；六腑者，传化物而不藏。"胃属腑，以通为用，以降为和。盖胃之通降，有赖腑阳之温运，亦须津液之濡润，若有太过或不及之变，则通降失常，于是胀痛诸症作矣。叶老认为阳明通降失司的病因与治法有四。

1. 胃火过亢

经曰："诸逆冲上，皆属于火；诸呕吐酸，皆属于热。"胃火过炽，伤津杀谷，以致阳土失柔，胃气不和，通降亦失正常，于是胃脘胀痛以及呕酸、嘈杂、善饥、口干、口苦等症悉由所起。热者清之，叶老喜用川连、银花、蒲公英苦

寒清胃家有余之火，配合沙参、花粉、石斛甘寒濡阳明不足之液，再参入醋香附、盐水炒娑罗子疏达消胀止痛，或加海螵蛸制酸。若大便偏干而小溲短赤，神烦寐不安者，佐入黄芩、制军苦泄，或再加生姜、半夏而成苦辛开泄之法，泻心胃之火，复阳明之用。

2. 胃阳不足

胃阳内虚，阳虚生寒，寒性凝泣而主收引，以致气行不畅，腑阳失运，出现脘胀胃痛，甚者彻背，或兼嗳噫、呕吐、不渴、肢冷畏寒。寒者温之，治用桂枝、吴萸、干姜或川椒、荜茇、甘松，配合甘草、生姜、制香附、醋玄胡、姜半夏、茯苓等辛热逐寒，辛甘通阳，辛香开痹，合成温中逐寒、行气和胃之剂。夹湿者加入制茅术、制川朴、生米仁；夹食滞参以炒麦芽、焦山楂、炒神曲；若寒客厥阴兼见少腹胀痛，酌加天仙藤、台乌药、白檀香；呕酸者，苔薄白加海螵蛸，苔白腻加煅白螺蛳壳。方中香附一味，无湿者用制香附，夹湿者用生香附，取其辛燥以除脾湿，散气结，临床用之，其效益彰。

3. 脾胃湿阻

湿困中州，遏阻阳气，脾阳不舒，胃阳不展，腑气通降失常，以致脘胀胃痛，纳呆不渴。叶老认为胃湿之萌，过在脾土，故凡湿滞胃腑者，常兼见纳呆，肢软，疲乏，便溏等脾经见症，脾虚与嗜酒之人每多见此。盖酒者质寒而性热，随人体之阴阳偏性而演化，故凡胃火旺者从阳而化热，成为湿热壅结之证，中阳虚者从阴而化寒，演成寒湿困阻之候。治寒湿困阻致病者，叶老喜用良附丸合陈平汤、胃苓汤之类以治，除去甘草之满中，常用高良姜、生香附、制茅术、制厚朴、炒陈皮、姜半夏、茯苓、生姜等，寒盛痛著加干姜、

川椒，其他如党参、白术之益气健中，木香、甘松之理气消胀，均随证而投之。亦有病久，或阳旺而湿郁化热者，其治法在以后"胃气痞结"中论及。

4. 燥土失润

胃属燥土，宜柔宜润，胃阴不足，母病及子，往往肺阴亦亏，肺之肃降力弱，胃之通降失调，发为胃部隐痛，兼见嗌干、干恶，甚者呕吐泛酸。叶老治此，仿叶天士甘寒凉润法，采张仲景麦门冬汤意。凡胃阴不足兼有胃热者，常用沙参、玉竹、川斛、甘草、白芍等甘寒濡养合甘酸化阴为主，配合银花藤、蒲公英微苦清热，或加青盐制陈皮、淡竹茹降胃逆，或参枇杷叶、饭蒸桑叶肃肺气以佐之，亦有投入杞子、木瓜等酸守津还者。若胃阴不足而兼气虚者，往往胃热不著，改用麦门冬汤为主方，出入以治。

二、重视脏腑间相互影响

叶老根据《内经》"谨守病机，各司其属，有者求之，无者求之"的理论，注重详析病机，着意于脏腑之间的相互关联与影响，认为治疗胃痛，对于有症之所当求之，无症之处亦当详究，因而临证中除胃腑本身以外，对肝、心、脾、肾以及大肠等脏腑的病机变化十分注意。这种观点，明显地反映在临床治疗中。

1. 肝木犯胃

肝强横侮其胃，土虚招致木贼，木能克土，此为五行乘侮之常也。《内经》又有"土得木而达"之说，肝木疏泄适度，中土枢运如常。叶老认为木能克土，亦能疏土。凡木横而克，或木郁不疏，都能影响胃之通降，胃气通降失常则胃脘胀痛、恶心、呕酸等症纷起，甚或痛引两胁。如此者，其

病在胃而其治在肝，或肝胃并治，临床中如肝气犯胃，肝胃不和，肝胃郁热，肝胃阴虚者俱属此类。盖五志俱从火化，气郁久则生热，大凡肝木犯胃之胃脘痛，以气滞热郁者为多见。叶老治此，常以左金丸合河间金铃子散为主方，以黄连清胃热，川楝子除肝热，吴萸与上药合成苦辛以散气结，制玄胡行血中之气而止痛，苦辛相合，寒热并用，并通过药物剂量上的配伍变化，或以降为通，或开中寓泄，按郁热之轻重而调制。又"肝苦急，急食甘以缓之；肝欲散，急食辛以散之；以辛补之，以酸泻之。"故再以甘酸相合之芍药甘草汤与上药配合。此外，肝血不足则肝气有余，加当归、桑椹子合白芍养肝血；肝阴不足则肝热内萌，用生地、杞子配白芍养肝阴；再如夏枯草、石决明之凉肝散结，川石斛、天花粉之生津濡胃等俱可随证以进。若肝气郁滞而内热不著者，则除去左金丸，加入绿梅花、佛手柑、小青皮等，兼胁痛者金沸梗亦可加入。对气郁不达，郁勃太过以致痛胀剧烈者，每加苏合香丸行气止痛；若夹湿夹食，胀痛不休而舌苔黄厚者，改以越鞠丸治疗。还有土虚木贼致肝胃不和，肝气不疏，胃气内虚，则用异功散与芍药甘草汤为主参入白蒺藜、八月札、制香附与玄胡等出入以治。

2. 土虚火衰

心阳衰于上，肾阳虚于下，君相之火不足，不能暖中温土，以致胃阳内虚，腑气失运，伴以旷阳不展，阴霾窃踞，证见心下疼痛，呕吐清涎，胸闷，心悸，肢冷，畏寒。叶老认为此证寒因虚起，宜补宜温，痛由寒生，宜辛宜通。常用桂枝加附子汤合良附丸为主方，以桂枝、附子护阳祛寒，良姜、香附逐寒通痹，白芍、甘草缓急止痛为主，夹痰者配合瓜蒌薤白半夏，气虚者与六君子汤合用，或加天仙藤、娑罗子行气消胀，或佐荜茇、干姜温胃止痛。总之，叶老治是证以辛热通阳，宣痹散结为常法。

3.脾胃同病

脾之与胃，脏腑相合，同属中土而为后天之本。胃病者久而及脾，脾病者亦往往及胃，以致脾胃同病，土德不振，中轴失运，升降失调。经曰："清气在下，则生飧泄；浊气在上，则生䐜胀。"症见胃脘隐痛，空腹著，食后缓，或伴痞满，纳少便溏，乏力神怠，四肢不暖，脉细苔薄白或薄腻。叶老治疗以建立中阳，恢复腑运为宗则。盖阳虚生内寒，对于脾胃气虚，因虚生寒者，治用建中合理中二方为主，重用炙甘草、炮姜甘温补中，参入南木香、制香附温中行气，或加清炙芪，炒当归补气和血，呕酸者佐入海螵蛸、浙贝母。叶老治疗胃脘痛对姜的应用比较讲究，生姜用于和胃止呕，干姜用于温中止泄止痛，炮姜用于暖肾止血。有时取其性，如以姜汁炒竹茹，有时减其味，如用淡姜渣味淡微温以舒胃气。叶老用建中汤每以炮姜易干姜，取其色黑入肾而寓补命火以暖中土之意，循此法以进，则诸如附片、肉桂等温补肾阳之品均可随证酌情选用。至于对脾胃气虚而内寒不著者，治疗以甘温甘平为主，常用如异功散合芍药甘草汤，加制香附行气，制玄胡止痛，呕酸者参入海螵蛸，浙贝母，夹湿苔腻者改用白螺蛳壳。此方疗效明显，后由他人实践总结后制成胃灵合剂，专用于对胃、十二指肠溃疡病的治疗。尚有脾虚胃热夹湿者，证见脘部痞胀或痛，口干饮少，不喜纳谷，食入则不适益著，大便或软或溏，苔黄厚腻，脉沉滑数，此与仲景泻心汤证相近，治疗则采用吴鞠通之加减泻心汤为主方，以黄连、黄芩、半夏、干姜为主药，参入苍术、米仁燥湿渗湿，厚朴、神曲除满消积，脘胀及腹而脉沉

有力者，亦暂加制军以通因通用。

4. 胃肠痞结

足阳明胃，手阳明大肠，二者经脉相系，属腑而以通降为用。凡胃气痹塞于上则大肠壅阻于下，或大便秘结，腑气失降而浊气上逆，则胃痛，腹胀，便秘，嗳腐，恶心，口苦，厌食等症俱作。叶老按六腑宜通，胃气当降之机理，以通腑泄热，降逆和胃为治，主用三黄泻心，或与小承气、小陷胸合用，前者用于热重，后者兼有湿阻。应用导泻时叶老从不过剂，此亦长沙之意，故药后得溏便即止，遂即改以清热养胃和中降逆之剂为继，如蒲公英、银花、石斛、芦根、陈皮、竹茹、白芍、生草之类，或加瓜蒌通泄，或参香附利气，或投山楂、神曲消积。若再见便干不畅而舌苔不厚者，投以玄明粉5~10克冲入以润下。

三、详辨气分与血分

叶老宗天士"初病在气，久必入络"之说，认为胃脘痛者虽有属虚属实之异，或寒或热之别，在起病之初总属气机痹阻、通降失司之候，久之，气病及血，血因气瘀，于是络道不利，气血俱病。临床中十分注重其病之气分与血分的辨别。凡久病累及血络者，常见胃痛如刺，反复不已，按之益剧，或曾呕红，便黑。此积瘀不消，难于速拔其根。治疗或用失笑散加桃仁、赤芍、花蕊石、制香附活血化瘀，消瘀止痛；或以苏木、归尾、三棱、莪术、玄胡破积通瘀，推陈致新。瘀久化热者增入红藤、丹皮、夏枯草或制大黄少量；瘀而夹寒者投以黑炮姜、桂枝、川椒；中焦虚寒者配合理中汤，除党参，改干姜为炮姜，再加红枣、蒲公英。其中炮姜与蒲公英同用，寒热相济，既温经而又柔络。按气为血帅，

气行则血行，故如郁金、川芎以及广木香、娑罗子等理气药，均酌情选入。

四、病案举例

例1

唐某，男，30岁。9月，杭州。

胃脘痛起已多年，受凉易发，食入脘胀不舒，近来更衣溏薄，夹有紫褐瘀块，肤色萎黄，寐况欠佳，舌淡红，苔白腻，脉象迟细。脉症两参，病属中焦虚寒，脾阳不运，胃气失和。治宜温摄脾阳。

炒於术二钱半，炮姜一钱半，炙黑甘草二钱半，煨南木香一钱半，姜夏三钱，炙新会皮二钱，炒谷芽四钱，炒秫米四钱（包），红藤四钱，旱莲草三钱，蒲公英四钱，红枣五枚。

二诊：前方服后，脾阳渐运，脘痛减轻，便中瘀块已少，精神亦较前为振。仍守原法出入。

炒於术二钱半，炙黑甘草三钱，炮姜一钱半，炒赤芍二钱，槐米炭三钱，红藤四钱，煨南木香一钱半，炒香谷芽五钱，蒲公英三钱，旱莲草三钱，红枣五枚。

三诊：脘痛已止，胃纳见增，便色转黄。唯寐中尚多梦扰，乃胃气未和耳。

炒於术三钱，姜夏三钱，炒秫米四钱（包），炮姜一钱，炒赤芍二钱，清炙草三钱，煨南木香一钱，蒲公英三钱，旱莲草四钱，红藤四钱，槐米炭四钱，红枣五枚。

四诊：服食二便如常，苔腻转薄，脉尚迟细无力。再予理中加味续进。

米炒上潞参二钱半，炒於术二钱，炮姜一钱二分，清炙

甘草二钱半，红藤四钱，新会皮二钱半，槐米三钱，煨南木香一钱二分，带壳春砂一钱（杵，后下），蒲公英三钱，云苓四钱，红枣五枚。

五诊：迭进温运，中寒已祛，脾阳得展，健运有权，诸恙消失，肤色亦转润泽，精神渐趋振作，舌净，脉缓。再当治本。

米炒上潞参三钱，炒於术二钱半，清炙甘草二钱半，米炒怀山药三钱，炒白芍二钱，炙新会皮一钱半，姜夏三钱，红藤四钱，焦麦芽五钱，煨南木香一钱半，盐水炒娑罗子三钱，红枣七枚。

【按语】患者因中虚脾阳不运，气机失于调达而致胃脘疼痛。脾虚不能统血，则血溢于下，故便色紫黑。前三诊以温运脾阳为主，其中用炙黑甘草与炮姜，甘缓温中而又止血，芍药和营止痛，木香、半夏调气和胃，服后脾阳得运，血自归经，便色转黄，痛亦遂止。以后宗原意改用香砂六君加减，接服20余剂而获痊愈（五诊后处方因增减不多，不载）。本例患者曾在浙江中医院检查为："十二指肠球部溃疡"，共服药40余剂，症状完全消失，体力渐复，三月后复查，情况良好，壁龛已愈合。

例2

李某，男，成年。4月，余杭。

胃脘胀痛，食后更甚，痛甚彻背，嗳气呕酸，便稀，形寒肢冷，苔白脉细。寒郁中宫，气滞不行，先予温中理气。

高良姜二钱半，四制香附三钱，炒川椒五分，姜夏三钱，甘松二钱，荜茇一钱二分，炒九香虫三钱，盐水炒娑罗子三钱，煅白螺蛳壳六钱，炒当归三钱，威灵仙三钱，红枣五枚。

二诊：胃脘之痛已止，嗳气呕酸亦除，唯食入仍然作胀，仍守原法出入。

姜夏二钱半，带壳春砂一钱（杵后下），甘松二钱，荜澄茄一钱半，盐水炒娑罗子三钱，沉香油三钱，煅乌贼骨四钱，生香附一钱半，天仙藤三钱，煅白螺蛳壳五钱，红枣五枚。

【按语】比例为寒郁中宫，运化失权，故治用良附、荜芨、澄茄、川椒、甘松、九香虫、姜夏等温中、散寒、理气、降逆，方中煅白螺蛳壳、煅乌贼骨二味，叶老常用于胃痛泛酸，属寒者合良附并用，属热者合左金并用，颇效。

例3

王某，男，40岁。11月，余杭。

嗜酒伤胃，湿热蕴郁，气滞瘀阻，中脘胀痛，痛处拒按，大便色如黑漆，舌紫绛，脉弦滑，失笑散加味。

酒炒蒲黄二钱半，五灵脂五钱（包），桃仁二钱（杵），赤芍二钱，花蕊石一钱半，煅白螺蛳壳六钱，四制香附三钱，姜夏二钱半，甘松二钱半，陈皮二钱，盐水炒娑罗子三钱。

二诊：前方服后积瘀渐化，气机得运，痛胀俱轻，唯大便尚带黑色。原法增减续进。

制军一钱，桃仁二钱，炒归尾二钱半，苏木屑三钱（包），花蕊石五钱，酒炒蒲黄二钱半，五灵脂五钱（包），姜夏二钱半，四制香附三钱，煅白螺蛳壳六钱，炒娑罗子三钱，赤芍二钱。

【按语】患者酷嗜曲蘖，谅有湿热蕴郁于胃，伤及阳明，而致血瘀凝积，故症见脘痛拒按，便色漆黑，初方用"瘀则宜消"之法，以失笑散加花蕊石、桃仁、赤芍、香附等，服后虽痛止胀轻，而大便尚带黑色，说明瘀未尽祛，次方又增

制军、苏木屑、归尾破积通瘀，推陈致新，盖瘀积不消，难拔其根也。

例4

董某，男，35岁。11月，昌化。

脘腹作痛，有气攻鸣，大便不时溏薄，肢体作冷而多自汗，曾经吐血，脉细无力，舌苔薄白。脾阳不振，寒自内生，拟鼓动中阳，小建中加味。

炙桂枝一钱，炒白芍二钱半，姜半夏三钱，炙黑甘草二钱半，炮姜一钱半，茯苓五钱，炒晒术二钱，炒秫米四钱（包），盐水炒娑罗子三钱，煨南木香一钱二分，天仙藤三钱，制香附二钱半，生姜二片，红枣五枚，饴糖半匙（冲服）。

二诊：脘腹胀痛减轻，肠鸣已除，饮食略增，大便亦转正常，唯肢末依然作冷，动辄自汗，寐况欠佳。原法增减续进。

炙桂枝尖八分，炒晒术二钱，茯苓四钱，炙黑甘草一钱半，炒白芍二钱半，炮姜一钱半，煨南木香一钱半，天仙藤三钱，夜交藤四钱，炙黄芪三钱，红枣五枚，饴糖半匙（冲服）。

【按语】本例为某医院住院患者，诊断为"十二指肠溃疡"，曾经吐血便血。血止之后，脘腹之痛未除，大便稀薄，肢冷自汗，脉细无力，显属脾胃虚寒，卫阳不固，故初方以小建中加炮姜温中散寒，理气和胃。服后中阳得运，气机通调，痛胀消失，而自汗未收，故二诊又增黄芪益气固表，用药更进一筹。

例5

孔某，男，38岁。10月，于潜。

嗜冷积食，气机不运，胃脘胀痛，食入不舒，大便不畅，肢冷，神倦乏力，苔白脉迟，治当温通。

高良姜一钱半，甘松二钱，广木香一钱半，炙新会皮二钱，四制香附三钱，炒九香虫三钱，焦枳壳一钱半，山楂炭三钱，全瓜蒌四钱（打），炙鸡金三钱，酒制薤白二钱。

二诊：前方服后，大便通润，气得运行，痛止胀减，唯形寒肢冷如故，阳气未布耳。

蜜炙桂枝八分，炒香麦芽五钱，全瓜蒌三钱（打），山楂炭三钱，天仙藤三钱，炮姜一钱半，四制香附三钱，甘松一钱半，炒九香虫三钱（包）。

【按语】本例系饮冷食滞，胃气失其通降而致中脘胀痛，阳气不得敷布，因而四肢不暖。先后两法，用姜、桂、薤白温中祛寒，木香、香附、甘松、九香虫健胃理气止痛，枳壳、瓜蒌、山楂导滞通肠，服后中阳鼓舞，腑气通调，诸恙悉减。

例 6

罗某，男，51 岁。10 月，杭州。

病起饥饱不匀，劳倦伤中，中虚温化无权，气机失调，胃脘不时作痛，十年于兹。痛时喜按，形寒肢冷，腰背酸楚，脉来细弦无力，面色少华，属虚寒之证也。

东洋参一钱半（先煎），炒白术二钱半，炮姜二钱半，清炙黄芪三钱，炒当归四钱，炒广皮二钱，姜夏二钱半，醋炙香附三钱，甘松二钱半，蔻壳二钱，煅白螺蛳壳六钱，玫瑰花五朵。

二诊：进温补通阳之剂，脾阳得展，胃痛减轻，腰背酸痛亦差，饮食见增，胃气日振矣。

米炒上潞参三钱，炙黄芪三钱，炮姜二钱，炒当归四

钱，姜夏二钱，半醋炙香附二钱半，炙刺猬皮三钱，甘松二钱半，焦枳壳一钱二分，玫瑰花五朵，煅白螺蛳壳六钱，红枣四枚。

【按语】本例属中虚胃寒，故立方以参、芪、术、归两补气血，炮姜、香附、姜夏温中散寒，此补中有疏之法。

例7

王某，女，成年。9月，昌化。

初起右胁胀痛，继而胃脘作痛，持续不止，痛甚呕恶泛酸，纳食减退，苔白脉弦。肝木侮胃之证，治宜疏肝理气。

左金丸一钱五分（吞），麸炒枳壳一钱，炒白芍二钱半，盐水炒娑罗子二钱，蔻壳二钱，盐水炒川楝子三钱，夏枯草三钱，炙青皮二钱，广郁金二钱，煅海螵蛸五钱，鸡金五钱。

二诊：前方服后，呕恶泛酸虽止，唯气滞不运，脘胁尚觉隐痛，食入不舒如故。原方增减再进。

煅白螺蛳壳六钱，炙青皮一钱半，煅海螵蛸四钱，麸炒枳实一钱二分，制香附二钱半，盐水炒娑罗子三钱，广郁金二钱，炒白芍二钱半，绿萼梅一钱半，炙鸡金五钱，左金丸一钱（另吞）。

三诊：右胁胃脘胀痛已除，饮食见增，仍拟肝胃并治。

盐水炒川楝子三钱，炒白芍二钱半，广郁金二钱，炙橘皮一钱半，盐水炒娑罗子三钱，炒香麦芽五钱，煅海螵蛸五钱，四制香附三钱，青盐陈皮一钱半，炙鸡内金三钱，姜半夏二钱半。

【按语】本例先有右胁胀痛，继而胃脘亦疼，盖两胁属肝，中脘主胃，谅由肝气横逆侮胃而起。方用左金丸辛通苦降，泻心平木，为实则泻子之法，佐川楝子、青皮、郁金、

香附疏肝，解郁，行气，止痛，使木得条达，而不横犯，则胃气自和耳。

例8

李某，女，49岁。11月，余杭。

忧思郁结已久，肝失疏泄，胃失降和，土德不振，脾轴失运，浊阴窃据中焦，阳气不得敷布，先有两胁刺疼，继而胃脘亦痛，呕酸，嗳气，口苦食减，腹满便秘，小溲短少，舌苔白腻而厚，脉象左弦右濡。先予疏肝和胃，理气泄浊。

苏合香丸一粒（研吞），姜半夏三钱，制茅术二钱，制厚朴二钱，茯苓六钱，淡吴茱萸二分炒川连六分，旋覆花三钱（包），代赭石六钱，四制香附三钱，青盐陈皮一钱半，广郁金二钱，炙绿萼梅一钱半，炒白芍二钱，盐水炒枳壳二钱。

二诊：前方服后，胁脘胀痛已减，二便畅通，腹满得宽，呕酸嗳气不若前甚，苔腻转薄，渐思纳食而有馨味。仍予肝胃兼治。

姜半夏三钱，橘红络各一钱半，茯苓五钱，盐水炒枳壳一钱半，炒竹茹三钱，四制香附三钱，广郁金三钱，炙佛手柑三钱，煅瓦楞子八钱，炙绿萼梅一钱半，炒白芍二钱半，旋覆花二钱半（包），制玄胡二钱。

三诊：纳食复常，唯有两胁胀痛迄未尽除，脉转小弦而滑，久痛入络，仍予前方佐入当归三钱，红花一钱半拌丝瓜络三钱，以活血行瘀通络，续服6剂而愈。

【按语】患者由情志怫郁而起，肝失疏泄，两胁为肝之分野，因而先见胁部刺痛，木气横逆，中土不和，胃失通降，浊阴内停，清气不升，浊气不降，清浊相干，气机失调而致胃脘疼痛，嗳气泛酸。叶老治本病，是用疏肝理气，温脾和胃之法，使中枢运转，气得畅行，通则不痛。清升浊

降，酸亦自止也，初方中苏合香丸，有化浊、理气、止痛作用，常见叶老用于气滞作痛者颇效。

呕吐与反胃证

一、呕吐与反胃论治

胃为六腑之一，六腑以通为用，以降为顺，胃气不降而反上逆，轻者出现呕吐，重者发为反胃。叶老认为：呕吐由外感引起者以感受暑湿与吸入秽浊之气者为多，前者适用藿朴夏苓，后者可用纯阳正气或玉枢丹之类。内伤所致者如：肝热犯胃主用左金，胃中湿热宜加减泻心，胃腑热结采三黄泻心，胃中虚寒投小半夏合理中，胃腑虚热用橘皮竹茹，肺胃失降则以旋覆代赭作为常用的方剂。至于反胃，宗王冰、洁古所论，按胃中无火，真火衰微论治。

二、病案举例

例1

胡某，男，34岁。9月，杭州。

食入脘闷作胀，朝食暮吐，宿谷不化，大便秘结，形寒恶冷，按脉迟细，舌苔白润。脉症相参，病属中土失运，肾阳亦衰，乃致水湿内停，上下失其通利。先拟温运通阳。

淡附子一钱半，肉桂一钱半（研细，后下），吴茱萸八分，公丁香三分（杵，后下），姜半夏三钱，炮姜一钱八分，茯苓五钱，炒广皮二钱，炒建曲三钱，制苍术二钱，炒苡米四钱，全瓜蒌五钱（杵），厚朴一钱半。

二诊：阴霾满布，得阳光之煦而趋消散，水湿已行，胃得通降，吐止纳增，大便亦通，脉细较前有力，苔薄白。续予附子理中加减。

淡附子一钱八分，东洋参一钱八分（先煎），炒冬术一钱八分，炮姜一钱八分，炒当归三钱，姜夏二钱半，云苓五钱，新会皮二钱半，煨肉果一钱半，吴茱萸七分，炒苡米三钱，建曲二钱半，红枣三枚。

【按语】患者中土虚寒，肾阳亦衰，致火不蒸土，难以腐化熟谷，水湿停聚于中，形成上下隔阂，上则作吐，下则便秘。景岳所谓"反胃系真火式微，胃寒脾弱，不能消谷。"治则先用附、桂、姜、萸等以温脾暖肾，使阳气伸展，升降通调，水谷得以运化耳。

例2

金某，男，38岁。5月，上海。

热郁中焦，胃失降和，食入即吐，口干而苦，齿龈肿痛，心烦寐劣，大便不畅，小溲短赤，脉象弦数，舌苔黄燥。治拟泄火降逆。

姜汁炒川连八分，炒黄芩二钱，制大黄一钱半，黑栀三钱，姜汁炒竹茹二钱，盐水炒橘皮一钱半，淡吴萸四分，姜半夏二钱，炒枇杷叶三钱（包），生姜二片，原干扁斛四钱（劈，先煎）。

二诊：前方服后，呕吐已止，大便畅通，口干咽燥，不若前甚。仍守原方出入。

姜汗炒川连八分，黄芩一钱半，姜汁炒竹茹三钱，茯苓四钱，原干扁斛四钱（劈，先煎），黑栀二钱，姜半夏二钱半，淡吴萸五分，盐水炒橘皮一钱半，生姜二片，麦冬

三钱。

【按语】患者口苦烦懊不寐属心火，渴饮牙龈肿痛为胃热，热结膈脘，中焦不能飞渡，因而食入即吐。寻释方意，脱胎于泻心、左金、橘皮竹茹等方，为苦辛开泄，寒热反佐之法，服后郁开热降，胃气得和。

胁痛与肝痛证

宗景岳"胁痛之病本属肝胆二经，以二经之脉皆循胁肋故也"之说，认为胁痛一证多为肝胆之病。盖肝胆属木，胆属甲木为腑，腑气宜通宜降，肝为乙木属脏，亦喜扶苏调达，通调失司则其病作矣。故治胁痛，以复其通降疏达为要务。叶老认为胁痛之病于胆者，以胆属少阳，内寄相火，见证以实热为主，亦有兼夹胃热脾湿，即天士所谓土壅木郁者。胁痛之病于肝者，以肝属厥阴而多寒热虚实之变化，常见者如肝气不疏，肝血不足，肝阴内虚，久病留瘀等，且有乘侮兼夹诸种变化。

一、病在胆

里热炽盛，郁而不泄。症见右胁胀痛较剧，或痛引右背，往往反复发作，每多持续不减，兼有口苦咽干，脘胀纳呆，大便燥结，小溲黄少，或伴恶寒身热自汗而热不因汗解。此与仲景所论少阳阳明合病之大柴胡证相似，治用大柴胡汤和解通泄，以原方去姜枣，合金铃子散，掺入败酱草、金钱草、蜀红藤、扁石斛等清热、利胆、生津。夹湿者，每

见于黄疸之后，或黄疸尚未尽退，或其人素体脾湿重者。治用湿热两清，疏泄肝胆，以大柴胡含茵陈蒿为主方，大黄减少用量，参入郁金、鸡金、海金砂、金钱草利胆消积。此证亦有大便溏泻者，属于夹热利下，宜通因通用法，仍用上方减大黄剂量，加川连，与黄芩苦以燥湿，并酌情佐入淡渗之品如滑石、通草等。待湿热清，胁痛止，改用逍遥散疏肝和血以资巩固，并参入黄芩、败酱草清其余热。

二、病在肝

1. 肝气不疏

病起郁怒，情怀不畅，肝失疏调之职，气运为之受阻，始则胸脘满闷，继而右胁胀痛，每因情怀不畅诱发或加重，伴有食欲不振，失眠梦多。叶老治此按"木郁达之"之法，兼参五志易从火化之机理，常以金铃子散为主方，加入白芍补肝体，柴胡复肝用，香附疏肝郁，娑罗子舒胃气，他如青陈皮、绿梅花、八月札、旋覆花等随证选用。夹寒者加桂枝、苏梗，夹热者加丹皮、薄荷梗，若病程长而胁痛如刺者，参入归须、川芎和血行滞。亦有治以逍遥散出入者。待症缓痛减以后，改用四逆合四君肝脾同治，加入当归、丹参养血，香附、郁金利气。

2. 肝血不足

叶老常曰："肝血不足则肝气有余，而胁部胀痛乃作。"良以肝藏血，主疏泄故也。此证每见胁部作胀，伴以隐痛，绵绵不已，兼有失眠、多梦，女子则月经不调而量少。治以养血疏肝法，常用逍遥散去白术、甘草，并与金铃子散合用，再加丹参、桑椹子等。气郁化火者，酌加丹皮、赤芍、山栀。

3. 肝阴内虚

此为久病伤阴，抑或素体肝阴不足者。证见右胁或胀或痛，神倦乏力，腰腿酸痛，失眠多梦，男子或兼梦遗，叶老宗乙癸同源之意，以滋肝肾，舒木郁为治。每用一贯煎为主方合金铃子散，加入当归、白芍、木瓜、刺蒺藜等。以上三型若胁部胀痛明显者，常以荔枝核 30 克参入，可缓解症状，此法采自民间，原方为荔枝壳 30 克，由于荔壳难得而改用荔核，临床用之，效果相近，乃叶老用药之变通也。

4. 久病留瘀

此证多见于病程冗长者，或曾跌仆外伤。胁部疼痛时轻时重，或因劳累、郁勃而加甚，或兼肋下癥积，精神软弱，爪甲暗红。治以理气化瘀法。常用香附、元胡行气血之滞，青皮、山楂消气血之结，鳖甲、牡蛎软坚消积，当归、赤芍、莪术养血行瘀，甚者再加三棱、地鳖虫。兼气虚者加白术、枳壳与党参，它如桂枝、丹皮等，各随证加入。至于肝痛，证见右胁胀痛或剧痛拒按，难以转侧，口干神烦或伴发热，痛者壅也，此乃热郁不散，血腐化脓。治宜清热解毒，活血散结，排脓，常用当归赤小豆散合失笑散为主方，加半枝莲、蒲公英、银花、败酱草清热解毒，赤芍、桃仁、乳香、没药或参入酒制大黄，小金丹化瘀散结，泄热排脓。

三、病案举例

例 1

吴某，男，29 岁。7 月，杭州。

黄疸退后，两胁持续胀痛，业近四月。口苦咽干，纳减，寐劣，头痛目糊，小溲黄少，苔黄，脉来弦滑。证属湿热久蕴，肝郁气滞，先以清热渗湿，疏肝理气。

茵陈五钱，广郁金三钱，姜汁炒黑栀三钱，柴胡一钱半，炒白芍二钱，粉丹皮一钱半，淡竹叶三钱，清水豆卷五钱，扁石斛三钱（劈，先煎），益元散三钱（荷叶包），青陈皮各一钱半，制玄胡三钱，盐水炒川楝子三钱。

二诊：两胁胀痛见差，口苦咽干亦减，头疼，小溲尚黄，纳食未增。再步原法出入。

前方去益元散，黑山栀，加香谷芽五钱，鲜藿香三钱，泽泻三钱。

三诊：湿热渐化，小溲转清，胁部痛胀续有减轻，口不苦干，纳谷略增，而寐况欠酣，苔薄白，脉小弦。再以疏肝和血继之。

鳖血炒柴胡一钱半，炒当归三钱，炒丹参四钱，炒白芍二钱，甘草八分，制木瓜二钱半，广郁金二钱半，青陈皮各一钱半，绿萼梅一钱，辰茯神三钱，薄荷梗一钱半，枳实八分，炒竹茹三钱，夜交藤四钱。

四诊：两胁痛胀已除，纳食复常，唯稍劳尚感乏力，寐多梦扰。续以前方去薄荷梗、枳实、炒竹茹，加炒枣仁四钱、潼蒺藜三钱、甘杞子三钱，连服20余剂而安。

【按语】本例系黄疸退后，两胁胀痛，又见口苦，尿黄，属湿热未清，肝郁气滞。故先予清热化湿为主，待热清湿化，复投疏肝和血，使之气机条达，渐以向愈。

例2

茹某，男，47岁。7月。

郁怒伤肝，肝失疏泄，始则胸脘满闷，继而右胁下胀疼，按之其痛更甚，为时已近二月。近来食欲不振，精神倦怠，便秘尿少，肢冷，足筋抽掣，步履无力，舌苔中白边绛，脉弦。先以疏肝理气，温阳通络。

制延胡二钱，盐水炒川楝子三钱，青陈皮各一钱半，绿萼梅一钱半，炒白芍二钱，豆蔻花一钱二分，四制香附三钱，娑罗子三钱，全瓜蒌四钱，桂枝尖七分，制木瓜一钱二分。

二诊：前方连服 5 剂，胸满与右胁下胀疼稍得轻减，但按之仍痛。大便虽下不多，肢冷足筋抽掣已瘥，舌脉如前。再予逍遥散加减。

柴胡一钱二分，归须二钱，炒晒术一钱半，云茯苓三钱，炙甘草四分，绿萼梅二钱拌炒白芍二钱，青陈皮各一钱半，黄郁金二钱，薄荷梗一钱二分，佛手柑二钱，瓜蒌皮四钱，川芎四分。

三诊：前方连服 10 剂，胸闷已宽，右胁下胀疼十去七八，按之亦不压痛。食欲见增，脉来弦缓，搏动比较有力，舌净如常。原法佐以和中益气之味。

柴胡一钱半，全当归三钱，米炒西潞参三钱，枳壳一钱，米炒晒术二钱，云茯苓三钱，炙甘草六分，黄郁金二钱，绿萼梅一钱半拌炒白芍二钱，丹参三钱，广陈皮二钱，四制香附二钱。

【按语】郁怒伤肝，肝气失疏，久之渐致血滞，故见胁下胀疼，肢冷不暖。立方疏肝理气，活血通络，俾气机得疏，血行始畅。

例3

郑某，女，36 岁。3 月，杭州。

肝既失疏，脾乏健运，右胁下不时作痛，左胁下癥结胀痛，脘闷，食入不舒，大便欠调，舌苔薄腻，脉缓弦滞。当用两调肝脾之法。

炒晒术二钱半，麸炒枳实一钱半，醋炒蓬术二钱，广郁

金二钱半，炙鸡内金四钱，岩柏四钱，青陈皮各一钱半，炒川楝子三钱，炒娑罗子三钱，夏枯草三钱，荷包草八钱，《金匮》鳖甲煎丸三钱（包煎）。

二诊：两胁胀痛减轻，脘闷不若前甚，纳食略增，脉舌如前。病起日久，治当缓图。

盐水炒金铃子三钱，麸炒枳实一钱半，醋炒玄胡二钱，岩柏四钱，大青叶四钱，荷包草八钱，赤白芍各一钱半，制宣木瓜一钱半，青木香一钱半，生粉草一钱半，马兰头根四钱，《金匮》鳖甲煎丸三钱（分吞）。

【按语】 肝失疏泄，则木郁土壅，脾失健运，乃致两胁胀疼，脘闷食减。方用枳术，二金，金铃子散等综合加减，意在崇土泄木，以和肝脾。因有癥结内积，故佐鳖甲煎丸以缓攻之。

例4

毛某，男，26岁。9月。

左胁下有癥块，攻胀作痛，痛及中脘，按之坚硬，起已数载。食减，神倦乏力，形体渐趋消瘦，苔白尖绛，脉来弦细。治用理气，行血，消坚之法。

焦枳实一钱半，醋炒蓬莪术三钱，酒炒当归三钱，四制香附二钱半，制玄胡一钱半，炒白芍一钱半，炙鳖甲六钱，路路通二钱，煅白螺蛳壳六钱，川楝子二钱，盐水炒娑罗子三钱。

二诊：前方连服7剂，胁胀作痛已得减轻，唯按之依然坚硬，食欲趋振，余如前状。原法出入续进。

枳实一钱半拌炒晒术二钱，全当归三钱（酒炒），青陈皮各一钱半，三棱二钱，蓬莪术二钱，焦山楂三钱，炙鳖甲六钱，生牡蛎六钱，制玄胡索一钱半，制香附三钱。

三诊：癥块渐趋柔软缩小，胀痛渐宽，食欲见增。唯大便时坚时溏，小便较少，脉弦苔白，尖边俱绛。再以养血行气，化癥消积继之。

金匮鳖甲煎丸三钱（晨吞），全当归三钱，丹参三钱，枳实一钱半拌抄晒术两钱，焦山楂三钱，三棱二钱，蓬术二钱，青陈皮各一钱半，米炒西潞参二钱，春砂仁八分（杵，后下），炙鳖甲六钱。

【按语】胁下癥积，多数由气滞血瘀而成。故本案先后均以理气化瘀为基本法则，结合随证加减，药中肯綮，效果显著。

例5

毛某，男，50岁。2月，昌化。

气滞血瘀，肝络失疏，右胁下胀痛，按之更甚，难以转侧，身热口渴，不时索饮，烦躁不宁，近日来胃纳反而转佳，恐脓已成矣。脉象滑数，舌苔薄黄。拟予化瘀排脓。

赤小豆一两（包），酒炒归尾三钱，酒炒赤芍二钱，桃仁一钱半（杵），制军一钱半，五灵脂三钱（包），半枝莲四钱，蒲公英五钱，银花三钱，净乳香一钱半，净没药一钱半，另吞小金丹一粒。

二诊：肝痈已成化脓之候，身热未退，胁部痛势依然，仍难转侧。继宗前法。

赤小豆一两（包），酒炒归尾三钱，酒炒赤芍二钱，桃仁钱半（杵），制军一钱半，蒲公英五钱，炒蒲黄三钱，银花三钱，五灵脂四钱（包），败酱草五钱，半枝莲五钱，净乳香一钱半，净没药一钱半，另吞小金丹一粒。

三诊：两进化瘀排脓之剂，便下黑秽甚多，热势顿减，胁部胀疼渐缓，且能转侧安卧。脓去积瘀未净，再守原法

继进。

前方去五灵脂加粉丹皮一钱半续服。

【按语】肝有郁热，久而成痈，胁部胀痛，不能转侧，身热烦渴，为胃之热并于肝，故反能食。脓已成，当以活血祛瘀，兼以排脓，治仿当归赤小豆散合失笑散加味，服后便下黑秽，胀痛顿减，痈从内消也。

黄 疸 证

叶老论黄疸宗《医宗必读》"多属太阴湿土，脾不能胜湿……则郁而生黄"之论。临床中分阴阳，别寒热。良以黄疸之萌，缘于湿郁，或湿与热合而成阳黄，阳黄者其色鲜泽，亦有湿与寒并而成阴黄，阴黄者其色晦滞。其中阳黄者，又有湿胜与热胜之区别。治疗用药，以此为辨。此外，又宗《内经》"土得木而达"之训，认为木能克土，亦能疏土。正如《医学入门》中"不拘外感内伤，怫郁不舒，皆能成疸"之说，因此治疗时除随证采用清热，利湿，苦泄，温化以外，还需注意适当配合疏利达木之品以增疗效。

一、阳黄热多于湿

证见面目肌肤尽黄，小溲黄少，大便多秘，或曾有寒热，或症兼懊憹神烦，往往纳食锐减，甚者呕恶。治用清利导滞，佐以芳化。主方多采用茵陈蒿汤合二金汤出入。主药有茵陈、山栀、大黄、海金沙、鸡金、黄柏、赤茯苓、郁金，热炽再加黄芩、蒲公英，腹胀加枳实、川朴，呕恶加佩

兰、姜夏以外，山栀用姜汁拌炒，或与生姜二片合用。待大便转溏，内热略减，改用茵陈蒿汤合陈平汤为主，加猪苓、泽泻等利湿退黄，大黄一味应用时间较长，但随着证情好转，剂量逐步减轻，至黄疸十去八九则除之。

二、阳黄湿多于热

证见面目皮肤小便皆黄，色鲜，脘宇作胀，四肢酸重，纳谷减少，或伴头胀如裹，大便或溏或结。治用苦辛淡渗，芳香开泄。主方为茵陈四苓合二金汤加减。主药有茵陈、茅术、猪苓、赤苓、海金沙、鸡金、郁金、川朴等，四肢酸重明显加秦艽，豆卷，五加皮，头胀如裹加晚蚕沙，草决明。若药后黄疸减轻而脘胀纳钝未见改善者，酌加枳壳，神曲，楂肉健运消滞。叶老治此证主要以导湿浊从下窍而出，使小便增多，则黄疸自退，此与"治黄疸不利小便，非其治也"之论相合。叶老认为湿本阴浊，易困脾阳，故治湿多于热者，主在渗利，慎用大黄，即用之，亦得便即止，与热多于湿者之用法迥然不同。他如山栀，黄芩辈亦用之甚慎，犹恐重伤中焦之脾胃也。

三、阴黄湿与寒合

叶老认为此证系寒客太阳膀胱，湿困太阴脾土，良以膀胱气化失利，则脾土之湿不能下行而出，寒湿蕴遏，发为黄疸。证见面目皮肤色黄晦暗，溲量少，大便溏，四肢酸重，纳呆不渴，或伴骨节酸疼。治用温阳利湿。主方选用茵陈五苓合二金汤化裁。主药有茵陈、桂枝、茅术、猪苓、茯苓、海金沙、鸡金、泽泻，内寒甚者改用茵陈五苓合平胃散加草果等。如其人素体阳虚甚者，再参以附子，此即茵陈四逆之用法。

四、病案举例

例1

施某，男，46岁。5月，杭州。

初起形寒身热，继而面目肌肤尽黄，心烦懊恼，纳食减退，不时欲呕，小便短少色黄，大便秘结，脉象弦滑而数，舌苔黄腻。湿热互蕴，郁蒸成黄，治拟清热化湿，茵陈蒿汤加味。

绵茵陈五钱，黑栀三钱，制大黄三钱，制川柏一钱半，赤茯苓四钱，广郁金二钱，蒲公英三钱，黄芩二钱，鸡内金三钱，炒枳实一钱半，海金沙三钱（包）。

二诊：身热未退，黄疸如前，大便虽通，纳食仍然不佳，胸闷懊恼，小便短赤，脉象弦数，苔黄腻。湿热之邪方盛，仍拟原法出入。

绵茵陈五钱，黑栀三钱，蒲公英三钱，制川柏二钱，粉猪苓二钱，赤苓四钱，制大黄二钱，连翘四钱，海金沙三钱（包），鸡内金三钱，广郁金二钱。

三诊：身热已除，黄疸渐退，纳谷略增，胸闷如前，脉弦，苔黄腻。邪势得挫，乘胜再进。

绵茵陈五钱，黑栀三钱，猪苓二钱，赤苓四钱，炒枳实一钱半，制川朴一钱半，制大黄二钱，广郁金二钱，制苍术一钱半，陈皮一钱半，鸡内金三钱。

四诊：黄疸续退，小溲增多，而胸闷未宽，脉弦，舌苔薄黄。再拟清化湿浊继之。

绵茵陈五钱，赤茯苓四钱，粉猪苓二钱，广郁金二钱，制苍术一钱半，泽泻二钱，黑山栀三钱，制川朴一钱半，炙陈皮一钱半，制大黄一钱半，炒枳实钱半。

五诊：面目肌肤之黄已退八九，纳食虽增，而食后胸脘仍然胀闷，脉弦，苔白腻。余湿犹未尽化，再拟苦辛合淡渗法。

绵茵陈四钱，赤茯苓四钱，海金沙四钱（包），猪苓三钱，鸡内金三钱，炒枣仁四钱，制川朴一钱半，制苍术一钱半，广陈皮一钱半，泽泻二钱，蒲公英三钱。

六诊至九诊，均以茵陈胃苓，与五诊处方增减不多（不载），服后黄疸尽退，诸症消失而愈。

例2

楼某，男，57岁。8月，绍兴。

黄疸一候，身热不退，面目全身悉黄，黄如橘色，胸宇塞闷，懊烦不安，纳食减退，不时漾漾欲呕，大便秘结，小便黄赤而少，脉象弦滑而数，舌红苔黄。湿热熏蒸，热重于湿。治以清热利湿，宣化胃浊。

茵陈五钱，姜汁炒黑栀三钱，制大黄八分，赤苓三钱，广郁金二钱，制川朴一钱二分，海金沙五钱（包），佩兰一钱半，梗通草一钱，新会皮二钱，炒白薇二钱，姜半夏二钱半，白蔻壳一钱。

二诊：前方服后，身热已退，胸闷略宽，全身小溲之黄减轻，泛恶亦差，能进薄粥一碗，而大便仍然不畅，脉见弦滑而数，苔薄黄。原法仍可续进。

茵陈五钱，姜汁炒黑山栀三钱，制大黄八分，制川朴一钱，佩兰二钱，广郁金一钱半，赤白二苓各三钱，猪苓二钱半，鸡内金五钱，姜半夏二钱半，海金沙三钱（包），炒枳壳一钱半，蒲公英三钱。

三诊：身热已退，胸宇亦宽，全身黄色续退，纳食略

增，大便已通，脉弦，苔白中黄。湿热渐趋泄化，再守原法。

茵陈五钱，黑山栀三钱，制大黄八分，忍冬藤三钱，夏枯草四钱，淡竹叶二钱半，丝瓜络三钱，蒲公英三钱，猪赤苓各三钱，梗通草一钱，海金沙三钱（包），鸡金三钱。

四诊：全身之黄消退，纳食增多，脉弦苔白，再以利湿化浊。

茵陈四钱，山栀三钱，炒苡仁四钱，广郁金三钱，赤苓四钱，蒲公英三钱，制大黄八分，新会皮一钱半，制川朴一钱，鸡内金三钱，海金沙三钱（包），淡竹叶二钱半，忍冬藤三钱。

五至七诊：处方增减不多，不载。黄疸悉退而愈。

【按语】湿热互蕴，与胃之浊气相并，熏蒸遏郁，发为黄疸。以上施、楼二例，均为黄疸热重于湿，治疗先用茵除蒿汤加味，清热利湿导滞，为阳黄之正法。在身热退后，蕴浊未清，又改用茵陈胃苓，渗湿化浊，宣利气机，以泄余邪。后者楼姓一例系本市某医院住院病人，临床诊断为"黄疸型传染性肝炎"，检验黄疸指数200u，经叶老治疗，三诊后黄疸指数已降至100u，第六诊时，黄疸尽退，黄疸指数降至8u。

例3

陈某，男，28岁。8月，杭州。

面目皮肤小溲皆黄，脘闷纳减，四肢酸重无力，舌苔薄黄，脉象濡滑。此湿蒸成黄之证，拟进渗利之剂。

绵茵陈六钱，生茅术一钱半，猪苓二钱半，赤苓四钱，五加皮三钱，广郁金一钱半，炙鸡内金四钱，大豆卷四钱，白蒺藜三钱，秦艽二钱。

二诊：黄疸稍退，溲黄转淡，饮食略增，神疲乏力，舌苔白腻。湿化未尽，继守前法。

绵茵陈六钱，生茅术二钱，制豨莶草四钱，猪苓二钱，赤苓四钱，炒苡仁四钱，炙鸡内金四钱，广郁金二钱，秦艽二钱，五加皮三钱，白蒺藜三钱，飞滑石四钱（包）。

三诊：黄疸已退，小溲渐清，胃气亦苏，苔腻转薄。再清余湿。

生茅术一钱半，炒苡仁四钱，猪苓二钱，广郁金二钱，炙鸡内金四钱，五加皮三钱，白蒺藜三钱，飞滑石四钱（包），陈皮一钱半。

【按语】此湿郁成黄之候，故用茵陈四苓散合二金汤加减，淡渗利湿，湿去则黄疸自退，因之效如桴鼓。

例 4

方某，男，35 岁。5 月，昌化。

湿为重浊之邪，性本阴浊，宜于下渗，过服升散，湿蒸为热，上遏清阳，头胀如裹，身热，两目皮肤皆黄，小溲黄短，脉象濡滑，舌苔白腻。病属阳黄，拟苦辛淡渗法。

绵茵陈五钱，制茅术一钱半，赤苓五钱，猪苓三钱，制川朴一钱半，建泽泻三钱，大豆卷四钱，生苡仁四钱，晚蚕沙四钱（包），海金沙四钱（包），草决明二钱半，梗通草二钱。

二诊：前方服后，小溲增多，目黄见退，头胀亦轻，身热略减，唯胸脘未舒，肢疲无力，舌苔仍腻。再守原法。

制茅术二钱，赤苓五钱，猪苓三钱，麸炒枳壳八分，炒建曲三钱，炙鸡内金二钱，晚蚕沙五钱（包），海金沙四钱（包），粉草薢五钱，生苡仁三钱，五灵脂二钱（包），梗通草二钱。

三诊：湿热渐化，黄疸趋退，胸宇见舒，胃气转苏，宿恙痞块未消，不时小有寒热，此肝脾未协，内留湿浊犹未尽蠲也。

醋炒蓬术一钱半，制茅术二钱，麸炒枳壳八分，山楂炭二钱，川楝子二钱，小青皮一钱半，猪苓二钱，生鳖甲五钱，三七二钱，晚蚕沙五钱（包），建泽泻二钱，大豆卷四钱。

【按语】湿本阴浊，宜于下趋，过服升提，助阳化热，熏蒸于上，头胀如裹，肤目皆黄，小溲黄短。此皆湿郁化热之征。叶老以茵陈胃苓、二金、蚕矢三方加减，苦辛淡渗，芳香开泄，导湿浊从下窍而出，服后小溲增多，黄疸头胀皆减，所谓浊阴得降，清阳始展，但脾为湿困，胃为浊踞，中焦阳气尚失旷达，故仍见脘痞纳呆。二诊去茵陈、草决明等，增入枳、曲、鸡内金健运消滞，服后黄疸已退，胃气苏醒，而宿块未消，不时小有寒热者，此乃肝脾失调，气血郁滞，湿浊未蠲。又以二术、青皮、川朴、枳壳、山楂、鳖甲、三七等疏肝脾之滞，猪苓、泽泻、豆卷、蚕沙以化湿浊余邪。揣度证情，为湿初化热之证，虽见身热，黄疸，溲赤，而舌苔尚呈白腻，脉无数象，故清热不用栀芩之苦寒，恐伤中焦之脾胃也。

例5

潘某，女，35岁。5月，留下。

寒在太阳膀胱，湿在太阴脾土，寒湿内滞，而成阴黄之证。面目皮肤黄色晦暗，便溏溲少，骨节酸痛，脉象濡细，舌苔薄白，拟用温中利湿法。

炙桂枝一钱，制茅术二钱，猪苓三钱，茯苓四钱，制川朴一钱半，炙鸡内金四钱，海金沙五钱（包），秦艽一钱，

煨姜四片，红枣四枚，炒泽泻三钱，绵茵陈四钱。

二诊：前方服后，小溲增多，便溏转干，皮肤之黄见退，脉舌如前。仍宗原方出入。

炙桂枝一钱，制茅术二钱，茯苓三钱，制川朴二钱，煨草果霜一钱半，枣儿槟榔三钱（杵），秦艽二钱，五加皮三钱，清水豆卷四钱，绵茵陈四钱。

【按语】脾为湿困，中阳乏运，膀胱气化不利，寒湿互蕴，发为阴黄。方用茵陈、五苓、二金化裁，温阳化气，服后寒湿得化，小便通利，肤黄渐退，诸症悉减。如阳虚甚者，附子亦可加入。

疟 疾 证

一、疟疾证论治

疟疾主证寒热往复，或间日而作，或三日再发，或寒多热少，或热多寒少，其寒起于毫毛，寒栗鼓颔，重衾不能温，其热头疼身痛，渴喜冷饮，冰水不能寒，伴胸满腹胀，口干欲呕，虽汗出热退而间日又作。古以无痰不成疟，认为病由痰与热合，郁于少阳，故治以化痰清热，和解少阳为法。叶老认为，疟疾者多发于夏秋，以间日疟为多见，若缠绵不已，气阴两伤，以致疟发经月不愈，稍劳寒热即作者，属于劳疟之例，大凡痰湿盛者，苔厚腻脉弦滑，常用清脾饮合小柴胡为主方化痰湿和枢机，随证出入以进，内热盛者，以小柴胡合白虎汤加减，和少阳清阳明，掺入宣化痰湿之

药，至于截疟之品如七宝截疟饮者，常于疟发多次以后，才于应用，或在以上治法中加入乌药，威灵仙两味以截之。至于劳疟每以何人饮为主方，或用芎归鳖甲汤随证加减以治。叶老治疟证总以和少阳，化痰湿为主，随证佐以清热生津，清暑渗湿。

二、病案举例

例1

王，男，30岁。8月，余杭。

痰湿内伏，枢机不和，疟发间日而来，先寒后热，头痛胸满欲呕，腹笥作胀，舌苔厚腻，脉象弦滑。治以清脾饮加味。

制厚朴一钱半，煨草果一钱半，制茅术一钱半，柴胡一钱半，炒黄芩二钱，姜半夏二钱半，威灵仙三钱，白蒺藜三钱，小青皮一钱半，茯苓四钱，乌药三钱，生姜三片，炒竹茹三钱。

二诊：前方服后，疟发已轻，呕止，头痛、胸闷、腹胀俱瘥，苔腻转薄，脉仍弦滑。再宗原法。

柴胡八分，黄芩一钱半，茯苓四钱，制川朴八分，小青皮一钱半，白蒺藜三钱，姜半夏二钱半，生谷芽三钱，威灵仙三钱，煨草果八分，制茅术一钱半，台乌药二钱。

【按语】 本例系痰湿久蕴，脾为所困，少阳之气不和，故用清脾饮加减，蠲化痰湿，和解枢机，方中乌药，威灵仙二味，叶老用于此类疟疾，每见效果。

例2

张某，女，35岁。7月，宁波。

妊娠五月，时当初秋，新凉引动伏暑，以致营卫失和，

寒热交乘，间日而作，热多寒少，口干喜饮，咳嗽痰稠，胸闷作泛，脉象弦滑而数，舌苔黄腻。治拟和解少阳，宣化痰湿。

柴胡八分，炒黄芩二钱，陈青蒿二钱，肥知母三钱，仙露半夏二钱半，象贝三钱，青陈皮各一钱半，赤苓三钱，姜竹茹三钱，炒前胡二钱半，白杏仁三钱（杵），带叶苏梗二钱半。

二诊：寒热虽未全止，但来势已轻，咳嗽痰松，胸闷亦舒，胃纳未苏，脉象弦滑，舌苔黄腻转薄。再宗原法出入。

柴胡八分，炒白芍二钱，炒黄芩二钱，陈青蒿二钱，赤苓三钱，仙露半夏二钱半，青陈皮各一钱半，川贝母二钱，白杏仁三钱（杵），冬瓜子四钱，炒竹茹三钱，炒香枇杷叶三钱。

三诊：昨日疟发之期，寒热未来，咳嗽渐平，胃纳稍苏，苔薄白，脉缓滑。再当调中安胎。

苏梗二钱半，炒白术一钱半，炒黄芩一钱半，茯苓三钱，炒陈皮二钱，炒竹茹三钱，藿梗一钱半，蔻壳一钱，炒谷芽四钱，杏仁三钱（杵）。

【按语】妊娠患疟，每有坠胎之虑，故亟用柴、芩、青蒿、知母等，重在和解枢机，使邪得迅解，胎亦自安耳。

例3

何某，男，35岁。7月，杭州。

疟发热多寒少，每日而作，汗出不畅，口渴喜饮，胸满烦懊，四肢酸疼，脉象弦数，舌红苔黄。暑热内蕴，温疟之证，仿白虎加桂法。

生石膏一两（杵，先煎），肥知母三钱，六一散三钱（荷叶包），桂枝六分，白蒺藜三钱，秦艽二钱，天花粉三

钱，生苡仁四钱，淡竹叶三钱，西瓜汁一杯（冲）。

二诊：前方服后，汗出较多，疟已不作，胸满烦懊见差，而口渴喜饮如故，苔薄黄，脉弦滑。再拟清热养阴，以撤余邪。

生石膏六钱（杵，先煎），知母三钱，川石斛五钱，生苡仁四钱，清水豆卷三钱，六一散三钱（荷叶包），麦冬三钱，青蒿二钱，淡竹叶二钱半，西瓜翠衣一两。

【按语】热多寒少，汗出不畅，是属温疟。方用白虎加桂枝，乃正治之法也。

例4

曹某，男，35岁。10月，绍兴。

疟缠不已，气阴两伤，形瘦色瘁，稍劳寒热即作，腰足酸楚，寐劣多梦，舌红苔薄，脉小而涩。属劳疟之证，治用何人饮加味。

生首乌四钱，潞党参三钱，炙当归三钱，茯神四钱，炙甘草一钱半，陈皮一钱半，青蒿梗二钱，炙鳖甲五钱，炒白芍二钱，生黄芪三钱，肥知母二钱，乌梅一钱半。

二诊：近日寒热未作，无如气阴之虚未复，精神疲乏，动辄头昏，腰酸膝软，脉苔如前。乃步前意出入。

生首乌四钱，潞党参三钱，炙当归三钱，茯神四钱，炒白芍三钱，炙甘草一钱半，炒於术二钱，炙鳖甲五钱，炒肥知母三钱，盐水炒小生地五钱，生黄芪三钱。

三诊：两投何人饮加味，寒热未作，精神渐振，腰足之酸不若前甚，脉象亦稍见有力。原法踵步。

生首乌四钱，潞党参三钱，全当归三钱，大生地四钱，炒白术二钱，炙甘草一钱半，炒於术二钱，茯神四钱，炙鳖甲五钱，黄芪三钱，炒杜仲四钱。

【按语】疟缠不已，势必气阴两伤，阴阳乖和，故稍劳即发。方用何人饮加味，以两补气血，扶正祛邪，此治疟之变法耳。

痢 疾 证

一、痢疾证论治

痢疾古称滞下，又名肠澼。《证治汇补》云："滞下者，谓气食滞于下焦，肠澼者，谓湿热积于肠中。"此即《杂著》"无积不成痢，痢乃湿热食积三者"之谓也。痢为寻常之证，叶老常云："痢有三忌，高热，不食，下多恶臭。"又有五难治：一者腹痛如绞，痢下无度；二者下痢纯血，身热脉大；三者便下五色，或如漏；四者下如脂膏；五者噤口呕逆。以上所论，若处于当今医疗技术水平来看，似乎难以理解。但是，让我们假设一下，假如历史倒退80年，西医刚刚传入中国，在农村，一没有现在所见的众多的疗效卓著的抗菌素，二没有激素等减轻菌毒素反应的药物，三没有补充人体电解质与必须营养物质的手段，面对一个高热不退，痢下无度，便下纯血，呕吐而水谷不进的病者，将如何处置之？基于这样的分析，我们的先辈（包括叶老）应用中医药救治重症痢疾的经验就显得十分可贵。叶老认为痢疾之急重者，如痢下无度，便下赤白，腹痛寒热，以湿热夹食滞郁积于肠道居多，证属实热，故治宜苦寒坚阴，佐以导滞。选方以白头翁汤、香连丸、黄芩汤为主，亦有以三黄泻心通因通

用者。用药如黄连、黄柏、黄芩、秦皮、白头翁、银花、木香等，参入枳壳行气，当归和血，白芍、甘草缓急止痛，此即前人调其气后重自解，和其血便脓自除之意也。证重者加制军通泄去邪，血痢加槐米炭，若寒热不解，按少阳、阳明合病处理，投以柴、葛、黄连和解枢机，夹暑湿者增入鲜荷叶、香青蒿、六一散等。对于其人脾胃素虚，又复患痢，多日不已，而致津气两伤，脉细息微肢冷，行将厥脱者，宗本急治本之法，以扶元养胃为先，选用四君合麦门冬汤为主方。用药如野山人参、白术、甘草、麦冬等，参入石莲子厚肠，炒白芍缓急，当归和血，乌梅兜涩，苁蓉补虚。古人云痢无止法，叶老认为痢疾至行将厥脱者，不止其痢则难固其气，故止涩不在禁例，待证情缓解，津气来复以后，再以西洋参、白术、霍山石斛、川连、银花、红藤等益津气、清邪热为继。他如陈皮、谷芽之醒胃，茯苓、通草之除湿均可酌情佐入。

二、病案举例

例1

陈某，男，34岁。7月，昌化。

身热痢下脓血，里急后重，日夜三四十次之多，呕恶不思纳谷，小便短赤，脉象滑数，舌苔黄腻。湿热内蕴，宿食停滞，治拟清热导滞。

清炙白头翁四钱，川连一钱，煨南木香一钱，川柏炭二钱，秦皮二钱，炙银花三钱半，制绵纹一钱，炙当归三钱，酒芍二钱半，槐米炭三钱，山楂炭三钱，炒枳实一钱二分。

二诊：前方进5剂后，热退，脓血不存，便转正常，亦

无里急后重，呕止，渐思纳食，脉滑，苔色薄黄。再拟清湿化热，以和肠胃。

广木香一钱，炒川连六分，山楂炭二钱，广陈皮二钱，淡竹叶三钱，清水豆卷三钱，炒银花三钱，炒谷芽五钱，炒苡仁三钱，炒枳壳一钱半，制川朴一钱半，鲜荷叶一角。

【按语】湿热夹食，互滞阳明，通降失司，酝酿成痢，红多白少，邪伤血分，治用白头翁汤清热化湿，佐以木香、当归、芍药调气和血，气调则后重自除，血和则便脓自止。

例 2

方某，男，10岁。8月，昌化。

暑热夹湿，湿热互蕴，薄于阳明而成痢，窃据少阳而为疟，寒热交作，头痛胸闷，腹痛滞下不畅，舌苔厚，脉弦滑而数。拟少阳阳明并治。

柴胡六分，煨葛根八分，炒黄芩一钱二分，上川连四分，炒苡仁三钱，淡竹叶二钱半，青蒿二钱，山楂炭三钱，飞滑石四钱（包），酒芍一钱半，炙青皮一钱，藕节三个，鲜莲子肉三钱。

二诊：前方服后，寒热已解，胸闷见宽，唯腹痛滞下虽减未除，舌苔黄腻转薄，脉来滑数，再予化湿清热。

山楂炭三钱，广木香一钱，炒川连四分，陈皮一钱半，炒枳壳一钱，淡竹叶二钱，炒白芍一钱半，黄芩炭一钱，炒谷芽三钱，鲜莲子肉三钱。

【按语】暑多夹湿，伤于气分。暑为阳邪，湿为阴浊，两者相并，邪在少阳则寒热纷争，邪入阳明则腹痛滞下，疟痢并见，故治用柴葛芩连和解枢机，清理肠道，为少阳阳明同治之法也。

例3

张某，男，40岁。8月，昌化。

身热痢下赤白，日夜数十次，腹痛里急后重，胸宇塞闷，饮食不进，形神倦怠，舌尖绛，中苔灰黄厚腻，脉来弦数。病属湿热壅滞，阳明通降失司，仿白头翁汤加味。

清炙白头翁三钱，油当归三钱，酒炒白芍一钱半，黄柏炭二钱，炙青皮一钱半，川连五分，秦皮二钱，冬瓜子三钱，银花三钱，鲜荷梗二尺，鲜莲子三钱，通草一钱，生熟苡仁各三钱。

二诊：热渐退，痢下次数日已减至七八次，腹痛里急后重亦轻，胸宇略宽，稍思进食，苔灰黄腻转薄。仍宗原意增损再进。

清炙白头翁三钱，酒炒白芍一钱半，川连五分，银花三钱，炒谷芽五钱，黄柏炭二钱，广木香一钱半，秦皮二钱，鲜莲子肉三钱，丝通草一钱，炒当归二钱，鸡内金三钱，陈皮二钱。

例4

周某，男，56岁。8月，昌化。

平素气阴不足，夏日受暑夹湿，中宫先虚，湿遏热伏，入秋以来，又伤饮食，而成肠澼。腹痛后重，赤白相兼，日夜有数十次之多，绵延半月未已，不思纳谷，恶哕频作，四肢不温，舌尖边干绛，苔黄燥，脉象细弦。阴液已伤，正气亦匮，厥脱堪虞。亟拟扶元养胃，以冀胃气得苏，生机可望。

吉林野山参须三钱（先煎），清炙甘草一钱半，炒石莲子肉三钱（包），米炒麦冬三钱，白芍一钱半，炒当归二钱，土炒於术一钱半，乌梅一钱半，淡苁蓉二钱，鲜荷梗二尺，

茯神五钱，炒秫米五钱（包），梗通草二钱。

二诊：前方服后，痢下次数减少，腹痛里急亦差，唯肛门尚觉坠痛，四肢转暖，知饥思食，胃气有来复之渐，但神形萎顿如故，动辄自汗，口渴喜饮，舌苔稍润，痢久气阴大伤，一时难复。

米炒西洋参三钱（先煎），米炒麦冬三钱，炙甘草一钱半，蛤粉炒阿胶三钱，川连四分，土炒江西术一钱半，炒秫米五钱（包），炒石莲肉三钱（杵，包），土炒杭芍二钱，忍冬藤四钱，淡苁蓉二钱。

三诊：痢止，腹痛里急已除，自汗减少，口渴亦差，渐思进食，唯精神倦怠如故，再宗原法加减。

米炒西洋参二钱（先煎），米炒江西术一钱半，云茯苓三钱，米炒麦冬三钱，霍石斛一钱（先煎），炒杭芍一钱半，生谷芽五钱，橘白一钱半，炙甘草一钱半，稽豆衣三钱，炒苡仁三钱，红藤三钱。

【按语】叶老常云："痢有三忌，高热，不食，下多恶臭三者是也。又有五难治，一者腹痛如绞，痢下无度；二者下痢纯血，身热脉大；三者便下五色或如漏；四者下如脂膏；五者噤口呕逆。"以上两案均属噤口痢重症，前者属实，后者属虚，实者以清热化湿导滞为主，虚者以扶元养胃生津为治。病同因异，用药亦迥然不同也。

眩 晕 证

一、眩晕证论治

《证治汇补》曰"眩为肝风。"肝风与眩晕本属同类，而叶老在习惯上对证缓者称为眩晕，证急者名为肝风。叶老治此证，注重肝脾肾三脏，风火痰三邪，亦兼及于胆，良以肝胆脏腑相合，故常以肝风胆火相煽合而论之。大凡病于肝者，或郁勃激肝，肝旺生风，或肝血不足，血虚生风，总以实证为多，虚者偏少。病于肾者，因肝肾乙癸同源，母子相依，肾水内虚，木少水涵，燥而生风，又少阴内寄相火，阴虚火旺，激动肝风，故每见肝肾同病，证以虚者为多，亦有虚中夹实者。病于脾者，一则脾处中州，号称砥柱，脾虚阳升无力，即《内经》上气不足，头为之苦晕也。又脾为卑滥阴土，主湿，为生痰之源，每见肝风激动伏痰，风痰合邪，上逆旁窜，发为眩晕。故病在脾，以虚为主，肝脾合病者以实证居多。叶老认为，临证中对于虚风实风之异，夹火夹痰之别，气虚血虚之辨，实为辨证之要点。治疗时应用益气、升清、滋阴、养血、清火、凉肝、化痰、息风、镇潜诸法，随证参合以进，其间加减增损，活泼灵动，因证而异，虽有成方可据而又不为其所囿。常用方药如补气升清用黄风汤、补中益气汤加仙鹤草，滋阴养血采四物、二至，常用药物有细生地、熟地炭、制首乌、女贞子、旱莲草、阿胶、丹参、白芍、枣仁、桑椹子，其他如清火有山栀、夏枯草、石蟹，凉肝有羚羊、丹皮、石决明，息风有决明子、茺蔚子、天麻、菊花、钩藤，镇潜有鳖甲、磁石、龙骨、牡蛎，化痰有竹沥、川贝、橘红、瓜蒌仁、天竺黄、半夏等。其中对于滋阴药物，应用中慎辨痰浊之轻重，痰多者避腻滞，仅用女贞子、旱莲草、桑椹子之气味俱薄者；无痰者方用首乌、生地、阿胶之浓浊填补；若有痰而量少，则用少量细生地，或以少量熟地炒炭予之，并加砂仁为伴，以防其滞。对于化痰药，叶老喜用温胆汤治疗，郁而生热加黄连，若病久热深而燥化者，则原方去半夏、茯苓、甘草，加竺黄、瓜蒌、川贝等。其变化之巧妙，用药之精当，确为后学者之楷模。

二、病案举例

例1

孙某，男，45岁。3月，上海。

肾水不足，不能上济于心，遂致心悸不宁，睡眠不酣，目眩头昏，昏甚欲倒，两耳蝉鸣，健忘，有时咳嗽多痰，脉象左弦右滑，舌苔白腻。肾亏心虚肝旺，三者同病，治当兼顾。

猪心血炒紫丹参五钱，炒枣仁三钱（杵），辰茯苓五钱，紫贝齿五钱（杵，先煎），青龙齿四钱（杵，先煎），夜交藤四钱，煨益智仁二钱，决明子四钱，三角胡麻五钱，宋半夏二钱半，生杜仲一两，制熟女贞子三钱，旱莲草三钱。

二诊：阴亏于下，阳亢于上，眩晕耳鸣，心悸寐劣，水火不交，心肾失济，脉象弦滑，舌苔薄腻。痰湿未清，难投滋腻。

生晒术二钱，仙露半夏二钱半，炒北秫米四钱（包），

益智仁二钱，辰茯神五钱，炒枣仁四钱（杵），夜交藤四钱，三角胡麻四钱，生杜仲一两，去心莲子七粒。

三诊：睡眠转酣，头昏目眩自瘥，心悸耳鸣亦减。近日腰膝酸软，步履无力，脉象尺部重按少力。滋益清潜，合而治之。

熟地炭八钱，清炙绵芪三钱，生杜仲一两，夜交藤四钱，炒枣仁三钱（杵），煨益智仁二钱，辰茯神五钱，三角胡麻五钱，珍珠母一两（杵，先煎），柏子养心丸三钱（吞）。

四诊：心悸渐宁，睡眠得酣，头眩耳鸣亦减，唯腰酸跗软尚存，脉象如前，舌尖微绛。下虚上实，中气又馁。再当两益气阴，以潜亢阳。

大熟地炭一两，清炙芪四钱，盐水炒桑椹子三钱，生鳖甲八钱，生杜仲一两，辰茯苓五钱，三角胡麻四钱，夜交藤四钱，炒枣仁三钱（杵），莲子去心七粒，柏子养心丸三钱（另吞）。

【按语】本例为心肾两虚，肝阳偏亢，兼夹痰浊之症，最难用药。叶老用清潜之法，养阴而不碍湿，化浊又顾其阴，兼证虽多，药不芜杂。

例2

陈某，男，55岁。3月，昌化。

肝胆风阳上越，头部筋掣作痛，甚至眩晕耳鸣，目睛干燥，右胁胀痛。风火相煽，有耗津液，口苦舌干，渴喜饮水，胃纳尚佳，二便如常，舌尖绛，苔中黄，脉来弦劲。凉肝滋肾，潜阳息风。

羚羊角一钱（另煎三小时，冲），细生地五钱，甘菊二钱半，赤白芍各一钱半，明天麻二钱，马蹄决明四钱，夏枯草二钱半，八月札三钱，川石斛四钱，生石决明七钱（杵，

先煎），珍珠母一两（杵，先煎）。

二诊：前药服后，头痛、眩晕、耳鸣、胁痛、渴饮俱减，脉弦。再当育阴潜阳，疏达木郁。

细生地六钱，制女贞子三钱，赤白芍各一钱半，甘菊二钱，决明子四钱，明天麻二钱，夜交藤四钱，川石斛四钱，盐水炒金铃子三钱，生甘草一钱半，生石决明七钱（杵，先煎），生灵磁石一两（杵，先煎），桑椹膏一两（另冲服）。

【按语】经云："诸风掉眩，皆属于肝。"厥阴为风木之脏，少阳相火内寄，风火皆属阳而主动，两者相煽，则头痛目眩，脉象弦劲，舌绛苔黄，胁痛渴饮，皆阴虚木火内炽之象。故凉肝息风，滋阴潜阳，以疏其有余之气，养其不足之阴。

例3

陈某，男，60岁。2月，武康。

肝胆风火上僭，头部两侧晕胀掣痛，痛连两目，视物不清，右胁胀疼，脉象弦数，舌质边绛苔黄。当清肝胆风火。

羚羊角四分（先煎），杭菊二钱，决明子三钱，生白芍一钱半，青葙子三钱（包），黑山栀三钱，明天麻二钱，夏枯草三钱，制女贞子三钱，蔓荆子三钱，生石决明八钱（杵，先煎）。

二诊：泄肝清胆法服后，头晕胁痛均减，而颞部之痛未除，两目视物不明，脉弦。拟再养阴，清肝，息风。

大生地六钱，甘菊二钱，石蟹五钱（先煎），青葙子三钱（包），粉丹皮一钱半，赤白芍各一钱半，黑山栀三钱，夏枯草三钱，明天麻二钱，制女贞子三钱，晚蚕沙四钱（包），石斛夜光丸二钱半（分吞）。

【按语】肝脉布于胁，上达巅顶，开窍于目。头痛及目，

视物不明，为风火内炽，上扰清空所致，故以凉肝清热，以泄内风内火。肝木升逆，必耗肾水，次方养阴清肝，即属斯意。

附：肝风案

例1

张某，男，48岁。10月，武康。

阴虚多火，灼液为痰，复受惊恐，肝胆阳升，痰气郁结，扰及心神，以致心烦懊恢，悸惕不安，彻夜无眠，颧红烘热，手指清冷，肢臂作麻，脉来弦劲，舌红苔黄。肝风内动，势虑厥闭，亟拟泄浊扬清，以平气火。

苏合香丸一粒（用竹沥一两和入姜汁六滴，先化吞），雅莲六分，麸炒枳实一钱，姜汁炒竹茹三钱，双钩四钱（后下），天竺黄二钱，化橘红一钱半，川贝三钱，粉丹皮二钱，黑山栀二钱，青龙齿五钱（杵，先煎），广郁金二钱，瓜蒌仁四钱（杵），鲜枇叶四张（刷）。

二诊：前方服后，神志见安，夜能酣寐，懊恢烦闷顿解，烘热肢麻亦除，肝胆风阳稍戢，痰浊内滞未清，有痰不易外吐，大便未落，再拟涤痰泄下，以通腑气。

全瓜蒌四钱（杵），火麻仁三钱（杵），广郁金二钱，白杏仁三钱（杵），京川贝三钱，化橘红一钱半，甘菊二钱，双钩四钱（后下），生白芍一钱半，粉丹皮二钱，川雅连四分，姜汁炒竹茹三钱，麸炒枳实一钱，鲜枇叶四张（刷），苏合香丸一粒（另吞）。

【按语】患者多火多痰，本缘水亏木旺，复加惊恐，则肝风胆火随之而升，扰及心神，症见烦懊悸惕，烘热不眠。盖痰得火而沸腾，火得痰而煽炽，内风暗动，故而手冷肢

麻，厥闭之萌，即肇于此。方用苏合丸合黄连温胆汤加味，开结导痰，降火安神，使火降痰消，则内风自熄。

例2

惠某，男，55岁。9月，临安。

从前喜饮烈性之酒，不独伤肝伐胃，抑且助火耗津。近月来，右手难于举动，下肢酸软麻木，步履维艰，头部筋掣作痛，夜少安寐，两手脉象细弦，重按无力，舌绛苔薄。乃肝肾阴亏，内风鸥张。拟滋水泄木，以平内风。

盐水炒大生地一两，阿胶珠五钱，生杜仲一两，生龟鳖甲各六钱，生白芍二钱半，决明子四钱，三角胡麻五钱，忍冬藤四钱，络石藤三钱，桑寄生四钱，怀牛膝三钱。

二诊：前方服后，头部掣痛见差，下肢麻木亦减，步履尚觉无力，睡眠胃纳见佳，脉舌如前。仍守原法。

细生地六钱，米炒麦冬四钱，制首乌四钱，辰茯苓五钱，生龟鳖甲各六钱，三角胡麻四钱，生杜仲一两，决明子四钱，炙鸡内金六钱，生赤白芍各二钱。

三诊：内风虽见稍平，阴虚未易骤复，右手差能举动，头痛不若前甚，而腰腿酸软，举步尚艰，下元欠亏，仍进滋熄之剂。

盐水炒大生地八钱，生杜仲一两，制首乌四钱，米炒麦冬三钱，生鳖甲八钱，生赤白芍各二钱，马蹄决明三钱，夏枯草四钱，三角胡麻四钱，桑椹膏一两（另冲服）。

四诊：迭进滋阴潜阳，平肝息风，诸恙渐见平复，腰酸不若前甚，步履已见复常，再宗前方增损可也。前方去马蹄决明，加茯苓五钱，桑寄生四钱。

【按语】肝风之起，由于阳亢，亢阳之本，由于阴亏。直上巅顶，则头痛筋掣，旁窜四肢，则麻痹不仁。今脉象细弦，舌绛苔薄，步履痿软，乃肝肾久亏，内风鸱张，故用滋肝益肾，以固下虚之本，泄风清火，以治上盛之标。

痹　证

《素问·痹论》云："风寒湿三气杂至，合而为痹。其风气胜者为行痹，寒气胜者为痛痹，湿气胜者为着痹。"叶老宗经旨，尝曰：成痹之因，良由风寒湿三邪合并痹阻于经脉所致，缘因三邪之间具有孰轻孰重之异，乃形成所见症状之不同，而有行痹、痛痹、着痹之区别。《金匮》伸其义而创历节之论，然其所重者为寒湿二邪。后世引而彰之，以所见关节掀红、肿胀、灼热、疼痛而屈伸不利者，名曰热痹，或称白虎历节，此系邪郁化热，热气独胜。尚有两膝关节疼痛，久则肿大，或内有水液停蓄，此为鹤膝风痛，有旱鹤膝与水鹤膝之分，是证最难治愈，缠绵日久，容易致残。亦有手指关节肿痛迭发，或延及脚趾，久则关节肿胀变形，状如鸡爪，此属尫痹之例，治疗亦颇困难，往往迭发不愈，造成残疾。兹将叶老治疗痹证的用药方法，简要介绍如下。

一、分主邪之不同

三邪相合，共同为患，流注经脉，酿成痹证。良以三邪之间具有轻重之别，主次之异，以致所见之症状不同，乃有不同之痹证病名。叶老治痹症，独重主邪，兼顾他邪，重点突出，此为急者治标的用药方法。

1. 行痹

证见四肢关节酸痛，部位游走不定，每遇气候不齐易发，或加甚，亦有伴以形寒怕风，身热，无汗或自汗者，但往往邪不因汗解，痛不因汗止。行痹乃风寒湿三气杂至而风气独胜所致。叶老治法采李中梓"散风为主，御寒利湿仍不可废，参以补血之剂，乃治风先治血，血行风自灭也"之意，常用河间防风汤出入以治。如桂枝、防风、羌独活等辛温散风祛寒，茅术、茯苓、米仁利湿，威灵仙、海风藤、五加皮、西秦艽通络止痛，疼痛较甚者加制天虫，多处疼痛者加粉葛根，或再加蠲痛活络丹一粒，吞服。叶老曾指出：葛根入土至深，藤蔓最广，长于通络而助诸药共奏祛邪外达、具通络止痛之功。药后冀其微微汗出，若邪达而痛减，则减去发表散风之桂枝、防风，加入当归、川断、怀牛膝等养血补肝肾之剂以巩固之。

2. 痛痹

证见形寒恶冷，关节疼痛，甚则活动不利，遇寒更甚，得温稍差，口淡不渴，无汗。此系风寒湿三邪杂至而寒气独胜所致。叶老治疗亦采李念莪"散寒为主，疏风燥湿仍不可缺，大抵参以补火之剂，非大辛大温不能释其凝寒之害"之法，采用《医宗必读》十生丹加减治疗。药用制川乌、制草乌、桂枝尖、防风、羌独活辛热辛温祛风，茅术、秦艽、渗湿利湿，桑寄生、乌拉草、鸡血藤通络止痛，参入黄芪益气，当归养血，地龙之蠕动入络以为引导。药后恶寒除，疼痛减，除去川、草二乌，改用制附块合桂枝、羌独活祛风寒，配黄芪、当归补气血。逐步变化调治以收全功。

3. 着痹

证见畏寒，四肢不暖，两膝或肢节酸重疼痛，或伴以腹

痛便溏。此为风寒湿三邪杂至而湿气独胜所致。叶老治此仍采《医宗必读》"利湿为主，祛风解寒亦不可缺，参以补气之剂，盖土可以胜湿，而气足自无顽麻"之法，应用近效术附汤出入治之。选用制附块、炒白术、炮姜、炙草、茯苓、米仁等，加入乌拉草、豨莶草、千年健之类通络止痛。待证减，继以附子理中合苓桂术甘加巴戟、茅术、乌拉草、米仁等健脾温肾除湿，佐以散风祛寒巩固之。还有素体脾虚，内有饮湿，复感风寒，表里合邪，三气相并者，以王孟英蚕矢汤为主方出入治疗，因证为新感外邪引动所致，每获痊愈。

4. 热痹

证见四肢关节红肿热痛，或某一关节独发，或累及多处，身热恶寒而汗出不解，口干口渴，小溲黄少。此系风寒湿三气杂至郁久化热，或与风热外邪相合而致。叶老治之，以清热化湿，祛风通络为法。采用生石膏、黄芩、忍冬藤清热，米仁、秦艽除湿，葛根解阳明之肌，合防风散风，络石藤、海风藤、忍冬藤通络，痛剧者制天虫、蜈蚣等亦随证加入。

二、辨虚实之变化

叶老宗《内经》"正气存内，邪不可干"之说，认为痹证之作由于其人脏腑有亏，气血不足，卫外力弱，经脉空虚，病邪得以乘隙流注而停着不去。大凡其病初起或邪盛而疼痛较剧者，治标祛邪为先。药后邪去而证情缓解或邪轻而痛势稍缓者，标本兼顾，攻邪同时酌参补虚或攻补并进。待疼痛明显好转，改以治本补虚为主以善其后。临床中按病急、证缓、善后三阶段分别处理。病急者关节疼痛较剧，治在祛邪，一般不用补虚之药，间或用之，亦仅一二味而已；

证缓者痛势已减，仍以攻邪为主，参以补虚为辅，方中补虚药物约占三分之一；善后者疼痛已基本缓解，用药以补虚为主，仍酌情参入少量攻邪之品，以杜病根。具体用药方法，行痹按治风先治血的理论，补虚以养血药为主，如四物之类。其中生地阴腻，不利于湿，故很少应用。痛痹以寒邪为主，寒甚则伤人阳气，补虚以助阳为主，益气为辅，如附块助阳，合桂枝以散寒，黄芪益气，配防风以实卫，亦有酌情加入当归，与黄芪两补气血者，盖寒伤营也。着痹者湿胜，湿本阴邪，与寒相合，易伤脾肾之阳，若其素体脾肾有亏，或久处湿地，或恣食生冷，则阳气之虚益著，故补虚以顾护脾肾为主，如附片、干姜温脾肾之阳，党参、白术、甘草实脾，巴戟、炮姜温肾之类。对于巩固治疗，叶老以补虚为主，缓缓图之，要在振奋正气，盖"正气存内，邪不可干"也。用药常规，行痹之善后用八珍或十全大补之类；痛痹善后采归芪建中、十四味建中等方；着痹善后常以理中、六君、苓桂术甘或附子理中诸方揉合以进。至于热痹，虽邪从热化而未尽化，往往多邪胶合，证候变化不一，治法亦因证而异，颇多变化，难以一概而论。临床所见往往证势稍缓而邪仍未减，故此时之治法仍以祛邪为主，补虚如生地、知母之滋阴，黄芪、防风之实卫，党参、白术之益气，附子、干姜、炮姜之护阳，当归、白芍之养血等，辨证以进，而用药不多，以免影响祛邪药物之作用。在证情缓解以后改用补虚为主，用药方法与上述者相近。对于一再反复而病程较长，关节肿痛而无恶寒发热者，叶老主张以扶正补虚为主，以病久多虚，虚者正不达邪，故不宜一味攻逐而益虚其虚，常以补虚药为主，酌情辅入攻逐之剂以治，或用扶正补虚剂与攻逐病邪之方间杂以进，慎防有犯"虚虚实实"之戒也。叶老

宗久病多瘀、顽证多痰之说，对热痹久发，关节肿胀不消者，治从痰瘀着手，如白芥子、浙贝母、桃仁、红花之属，每与虫蚁搜剔之品合用，参入于常用方药中。但总属有形邪结难溶难消，故叶老对于痹证主张早治，并坚持不懈，以免酿成坏证。

三、病案举例

例1

徐某，男，24岁。5月，昌化。

风湿内滞经络，四肢关节酸痛，游走不定，每遇气候不齐，病势更甚，脉浮缓，苔白腻。治拟疏风燥湿，佐以通络。

羌独二活各一钱半，桂枝一钱，炒茅术二钱，茯苓四钱，炒苡仁四钱，防风一钱半，炒天虫三钱，炒秦艽二钱，威灵仙三钱，五加皮四钱，海风藤四钱，蠲痛活络丹一粒（临睡服，服后避风）。

二诊：前方服后，风邪渐祛，寒湿亦得温化，形寒肢冷均除，四肢游走疼痛大减。唯腰膝犹感酸楚，脉缓不浮，苔黄薄润。再以祛风化湿，养血和络。

独活一钱半，桑寄生四钱，酒炒当归三钱，威灵仙三钱，秦艽一钱半，五加皮四钱，川断三钱，炒杜仲四钱，怀牛膝三钱，炒苡仁四钱，炒茅术二钱。

【按语】肢体关节作痛，游走不定，是属行痹。为风寒湿杂感，而偏重于风，故以蠲痛活络丹、羌独二活、桂枝、防风搜风散寒，茅术、苡仁健脾胜湿，重在祛邪，以冀微微汗出，而使风湿两解。续方中增入活血养筋之品，寓有"治风先治血，血行风自灭"之意也。

例 2

梁某，男，37 岁。3 月，杭州。

形寒恶冷，肩臂酸痛，不能伸举，腰背楚疼，难以俯仰，遇寒更甚，得温则差，苔白口淡，脉象紧弦。病属痹证而偏重于寒，治拟辛温散寒，祛风胜湿。

制乌附块三钱，制草乌一钱半，桂枝尖一钱，炒秦艽二钱，羌独活各一钱半，防风一钱半，生黄芪四钱，地龙三钱，鸡血藤四钱，炒茅术二钱，桑寄生四钱，乌拉草三钱。

二诊：形寒恶冷已除，肩臂腰背酸疼显减，伸举俯仰亦趋灵活，脉转弦缓，苔仍薄白，口不渴饮，风寒渐蠲，再以原法出入续进。

桂枝尖一钱，黄芪三钱，淡附块二钱，羌独二活各一钱半，乌拉草四钱，桑寄生四钱，鬼箭羽三钱，炒当归三钱，炒茅术二钱，汉防己三钱，威灵仙三钱。

【按语】寒为阴邪，而主收引，寒胜则筋脉拘急，发为痛痹。叶老治以大辛大热二乌加桂助阳散寒，佐二活、防风、茅术祛风燥湿，归、芪和营益卫，复入地龙之蠕动善窜，用为引导，立方甚为周到。

例 3

赵某，男，51 岁。12 月，于潜。

内有饮湿，外受风寒，三气相并，滞于肌肤，发为着痹，肢节酸重，两足更甚，小溲黄少，脉象濡数，舌苔薄黄。湿邪有化热之渐，仿王氏法。

大豆卷四钱，二蚕沙四钱（包），生茅术三钱，汉防己三钱，生苡仁四钱，猪苓二钱，丹皮苓四钱，陈皮一钱半，川草薢四钱，防风一钱半，通草一钱半。

二诊：服后颇应，肢节酸重显减，小便已长，脉转濡

滑，苔薄黄。再拟健脾利湿，佐以泄热。

生苍术二钱，生苡仁五钱，二蚕沙四钱（包），川萆薢四钱，汉防己三钱，丝瓜络四钱，泽泻三钱，桑枝片四钱，清水豆卷五钱，陈皮二钱，赤苓四钱。

【按语】本例属着痹之湿从热化者，仿蚕矢汤加减，分清化浊，祛风渗湿，使湿从表里两解，热亦随之而去。

例4

张某，女，39岁。6月，绍兴。

风湿化热，四肢关节红肿作痛，身热口渴，小便黄少，脉弦而数，舌苔黄腻。治以清热化湿，祛风通络。

生石膏八钱（打，先煎），粉葛根二钱半，淡黄芩二钱，炒桑枝四钱，忍冬藤四钱，炒天虫三钱，络石藤四钱，甘草八分，海风藤四钱，生苡仁四钱，炒秦艽二钱。

二诊：前方服后，热势渐退，关节红肿作痛亦已显减，苔薄黄，脉如前，效不更方，仍步原意。

生石膏八钱（杵，先煎），葛根二钱半，淡黄芩二钱，忍冬藤四钱，炒秦艽二钱，海风藤四钱，桑枝叶各三钱，生苡仁四钱，丝瓜络三钱，制天虫三钱，白蒺藜三钱，络石藤四钱。

【按语】风湿化热而成热痹，故见痛处红肿，身热脉数，苔黄，口渴。叶老治痹，寒胜用乌附桂枝之温，湿胜用苍苓之渗，风胜用羌防之散。本例热胜，则用膏芩之寒。宜温，宜凉，随证施治，应手奏效也。

例5

宗某，男，42岁。10月，临安。

素嗜生冷，又居卑湿，寒湿内困，脾阳失运，腹痛便溏，湿流关节，两膝酸痛，形寒肢冷，脉象沉细，苔色白润。下焦肾阳不足，火虚不能熏土，土虚不能化湿，当以脾

肾兼顾。

制附块一钱半，炮姜一钱半，乌拉草四钱，炒苡仁四钱，制豨莶草三钱，炒晒白术二钱，煨南木香一钱二分，茯苓四钱，炒茅术一钱半，陈皮二钱，甘草一钱半。

二诊：前方服后，两膝酸痛小有减轻，腹痛已差，更衣仍溏，脉来沉迟，苔白。前意续进。

制附块三钱，炮姜一钱半，茯苓二钱，炙桂枝七分，乌拉草四钱，炙甘草八分，千年健三钱，炒苡仁三钱，制豨莶草三钱，炒茅术一钱半，煨南木香一钱二分。

三诊：两进温阳化湿，两膝酸痛，十去六七，腹痛亦止，便溏次数已减，纳食见增。再拟温补脾肾，附子理中汤加味。

淡附块三钱，米炒上潞参三钱，炙甘草一钱，炙桂枝七分，炮姜一钱半，乌拉草四钱，炒茅白术各二钱半，白茯苓三钱，炒苡仁三钱，制巴戟一钱半，红枣七枚。

【按语】居处湿地，湿从下受，恣食生冷，有伤中阳，寒湿相结，脾肾之阳俱虚，湿流关节，闭阻筋脉而成痹；寒蕴中州，土失运行而便溏。综观此病，其本在肾，其标在脾，故方用近效术附汤，暖肾温脾，以使阳和之气得复，阴寒之邪自散。

痿 证

一、痿证论治

叶老治痿宗《内经》"肺热叶焦，发为痿躄"，又师丹溪

"肺伤则不能管摄一身，脾伤则四肢不能为用。"故治痿独取阳明。叶老认为《内经》所论之独取阳明者，系以经络言，以阳明经脉合宗筋而会气街，故阳明虚则五脏无所禀，宗筋弛纵，带脉不束，痿证乃作。若从内科而言，此之阳明者，实含足阳明胃与足太阳脾两个脏腑在内。良以病从热起，损伤胃津，证由劳生，消耗脾气。津气不足，内不能灌溉于五脏，洒陈于六腑，外不能荣养经脉，温煦肌肉。除此以外，尚有专重肝肾者，因肾主骨而藏精，肝主筋而藏血，故肝肾虚则精血枯，进而内火消烁，发为痿躄。亦有注重湿热实邪者，邪结于脾胃，或阻于经脉，此《内经》"四肢皆禀气于胃"与"湿热不攘，大筋软短，小筋弛长，软短为拘，弛长为痿"之谓也。若论治法，或清养肺胃之津，或温补肺脾之气，或滋填肝肾之精血，或清利湿热之邪以复中运、利经脉。其中清则不伤其脾，补则不碍其胃，此亦独取阳明之意也。用药如根生地、扁石斛、怀山药生津，炙黄芪、炒党参、炙甘草补气，当归、白芍养血，首乌、熟地、龟板益精，以及苍术、米仁、泽泻除湿，黄柏、忍冬藤清热，地龙、红花行瘀，川牛膝、桂枝尖、鸡血藤通络，杜仲、川断强肾等，均因证参合以治。选方如湿热阻于经络，邪盛者主用加味四妙出入，参以黄芪、熟地、龟板；邪轻者治用圣愈汤加减，佐以黄柏、防己、牛膝。湿热积于中焦，常选温胆汤加黄连、苍术、米仁治邪盛者；待邪退则改用六君子加藿香、川朴、米仁以治。肝肾精血不足主用健步虎潜丸加减。肺胃津液内虚治以生地、扁斛生津濡液，合怀山药益脾阴，生芪补肺气，阴虚甚加首乌，夹热郁加忍冬藤。此方源于清燥救肺，叶老师其法而不用其方，乃随证而变化，用药之特色也。

二、病案举例

例1

应某，男，29岁。11月，昌化。

去夏高热月余方退，气阴俱伤，筋络失荣，下肢痿软，如今虽能转动，而不能步履，眠食如常，按脉虚涩，舌苔白薄，治以两调气阴，舒筋通络。

根生地五钱，原干扁斛三钱（劈，先煎），生黄芪三钱，生鳖甲八钱，制首乌三钱，怀山药三钱，络石藤三钱，忍冬藤四钱，伸筋草五钱，鸡血藤四钱，怀牛膝三钱。

【按语】经云："肺热叶焦，发为痿躄。"去夏高热月余，暑必伤气，热必伤阴，气阴俱伤，肺失治节，津液无以布化，乃致下肢失于濡养，痿症成矣。用滋补肝肾，舒筋活络，为治痿症之一法，奈再诊后处方散佚，惜哉。

例2

赵某，男，31岁。10月，余杭。

湿热久蕴，营卫受阻，气血无以润养诸筋，腘肉消瘦，筋骨痿软，下肢不能伸缩，脉象濡细，舌苔白薄。治拟气血并补，舒筋通络。

清炙黄芪五钱，酒炒当归四钱，桂枝尖八分，炙广地龙三钱，炒天虫三钱，老钩藤四钱，丝瓜络五钱，杜红花一钱，酒炒川断三钱，伸筋草四钱，千年健二钱。

二诊：经云："气主煦之，血主濡之。"气血俱亏，不能温濡肌肉筋脉，故渐而成痿。脉症如前，仍守原意出入。

清炙黄芪五钱，酒炒当归三钱，大熟地五钱，杜红花一钱，清炙广地龙三钱，桂枝尖八分，炒赤白芍各二钱，泽泻三钱，茯苓四钱，炒怀牛膝三钱，炒黄柏一钱半。

三诊：湿热浸淫，气血不充，无以濡养肌筋。两足痿软，肌肉消瘦。药后伸缩活动，略有好转，苔薄黄，脉仍濡细。再仿丹溪加味二妙散法。

炒黄柏二钱，炒苍术一钱半，酒炒当归三钱，防己三钱，川草薢三钱，怀牛膝三钱，炙龟板五钱，熟地五钱，炙黄芪五钱，炙甘草一钱半，茯苓四钱。

四诊：前方服后，湿热日渐清化，筋脉得气血之濡养，下肢软痿好转，尚能任地移行，伸缩已趋正常。再拟补气血，填肝肾继之。

米炒上潞参三钱，炙黄芪五钱，酒炒当归三钱，熟地八钱，怀牛膝三钱，炒黄柏一钱半，酒炒川续断三钱，炒白芍三钱，炙甘草一钱半，防己二钱，盐水炒杜仲五钱，健步虎潜丸四钱（分吞）。

【按语】经云："湿热不攘，大筋软短，小筋弛长，软短为拘，弛张为痿"，邪阻气血无以荣筋故也。治痿之法，病起中焦，独取阳明；病在厥阴，填补肝肾。本例病在厥阴太阴之间，故于两补气血之中，增入化湿清热之味，此治痿之又一法也。

血　证

一、咳血

叶老认为咳血一证，往往血与痰并，随咳而出，咳愈甚则出血愈多，故其病主要在肺，盖咳为肺病也，临床所见如

燥火烁肺，咳伤肺络者。又肺属金而喜润，肝属木而多火，肺肾之阴不足，肝火无制而上刑，以致咳嗽频频，络破血来，此如常见之木火刑金者。尚有肾阴早亏，虚火上腾，火盛气逆，咳嗽痰血，证如阴虚火旺者。故咳血一证首责肺、肝、肾三脏，其间之标本兼夹，主次缓急，必须刻意剖析，详审细辨，此乃辨证之紧要所在。他如血为阴而质静，赖气以行，故曰气行则血行，气升则血升，气降则血降，治疗用药除清火以外，必须降逆下气，盖气降则火降，肺金不为所乘，其络自宁也。再如药后血止咳稀，而多气阴之虚未复，巩固之法，常用党参、白术、怀山药、花粉、参入于润肺滋肾方中，此乃上下交病治其中，以脾胃属土，土生万物也。

1. 燥火灼肺

叶老认为此证以燥为主，燥中夹热。证见久咳不已，痰少血多，或血来盈口，口干咽痛声哑，神形萎顿。治以养阴润肺为主。常用沙参、麦冬、天冬、川贝、蛤壳等养阴润肺，十大功劳、百合、丹皮清肺凉血，良以络因咳伤，咳不止则络无以宁，故参入诃子敛肺，赭石降气，而止血之品则用之甚少，所谓见血不治血，治病求本也。若肺火盛者，增入马兜铃、阿胶、旱莲草清肺热、滋肺阴。

2. 木火刑金

此证以肝火内炽，上刑肺金，伤肺津，耗肾液，病及多脏，虚实夹杂。见症如久咳频频，血随咳出，午后潮热，形体瘦削，或伴胸胁作痛。治用养肺阴、制木火。用药如丹皮、地骨皮、白薇清肝火，白芍、女贞子、旱莲草养肝肾，川贝、蛤壳、冬瓜子或加沙参、天冬清养肺金，参以诃子敛肺、赭石镇逆。如若以往一再咳血而留瘀，胸胁作痛者，再加茜草、败酱草、郁金之类，止血兼以化瘀。最后以沙参、

麦冬、天冬、阿胶、甜杏仁、白芍、女贞子等两顾肺肾，作善后之治。

3.阴虚火旺

是证肾阴早亏，虚火炎上，迫血上行，假肺道随咳而出。临床见症，痰中夹血，血少痰多，五心烦热，颧红咽干，神倦腰酸，或伴盗汗。证属虚中夹实，以虚为主，或虚实参半。治宜滋阴抑阳，复水火之平衡。药用生地、女贞子、旱莲草、知母滋不足之肾阴，丹皮、黄柏清上炎之邪火，甚者再加山栀清肝，白薇凉肺，川贝、天冬清养肺金，赭石、降香或紫石英镇逆下气，他如茜草、三七、败酱草化瘀止血，甜杏仁、枇杷叶肃肺化痰，花粉养胃，龟板潜阳等，皆随证佐入，揉合以进。其要点以滋肾为主，降火、下气为辅，化瘀、止血、肃肺、止咳作为佐使。

此外，如体虚而反复咳血，抑或咳血过多，以致气随血脱，血气涣散，行将阴阳离决者，叶老急以生脉散为主治之，两救气津。常用吉林人参或别直参、麦冬、五味子，参入阿胶珠、旱莲草、白茅根或侧柏叶、鹿衔草补虚止血，十大功劳、川贝清养肺金，再加一味牛膝引火下行。若其人一再咳血，或伴以外伤，瘀血内结，咳血时作者，每用葛翁花蕊石散为主方，选用花蕊石、茜草、郁金、三七、败酱草行瘀止血，白薇、山栀、丹皮凉血清热，川贝、麦冬、冬瓜子润肺清肺，气虚者加人参。血止以后，除去化瘀药，加入细生地、女贞子、旱莲草等滋养肺肾以善后。

二、衄血

本节仅介绍叶老治疗鼻衄与齿衄的有关经验。治疗鼻衄首别内伤与外感。凡外感所致者，多系感受风热外邪，其鼻

衄，乃夹症之一，故治疗乃以桑菊、银翘、桑杏辛凉清散为主，其中清热除银花、连翘以外，常重用山栀、黄芩清肺火，以鼻为肺窍也。叶老认为此由外感风热，热郁于肺所致，欲止其血，先清其热，故以散表邪、清肺热为正常治法，不必多加止血之品。亦有其人素罹鼻衄宿疾，触感新凉，风寒束肺，咳嗽阵作，咳剧而震伤阳络以致鼻衄者，此咳不止则络不宁，血无以止，治当散风寒、肃肺气、止咳嗽为先，不可死守"血越上窍，皆阳盛阴虚，有升无降"之说，仍以杏苏散为主方，参以荆芥炭、仙鹤草、墨旱莲等。若其人咽痒，痰少或咳而无痰者，五味子、诃子等敛肺杜咳之品配以生姜二片亦可加入。内伤鼻衄以内热炽盛或阳盛阴虚者为多。内热炽盛者或因肺热，或因肝阳，或因胃火，叶老治疗常用野菊、黄芩、山栀清肺，丹皮、山栀、夏枯草凉肝，知母、石膏、蒲公英清胃，或再加制军以泄降；阴虚阳盛者以肾水不足，肝火上腾，迫血上行为主，叶老认为欲降其火则先滋其阴，欲止其血必先降其气，每以四物汤合二至丸为主方，参入菊花、阿胶、侧柏叶、生牡蛎等，火盛者酌加知母、丹皮等。大凡看法，治实火重在肺胃，疗虚火主在肝肾。

治疗齿衄，叶老首重胃、肾两个脏腑，以齿属肾而胃络龈也，其间亦有偏实偏虚之异，偏实者治在胃，以白虎为主，常用知母、生石膏、生甘草或人中黄以清阳明燥火，佐入石斛、麦冬生津，旱莲草、茅根止血，火炽而齿龈溃痛者配合三黄泻心，大便干秘者合用调胃承气；偏虚者证系阳明有余而少阴不足，肾阴虚，胃火炽，常采玉女煎法，以知母、石膏、生甘草与生地、玄参、麦冬、花粉、石斛、银花同用，或加茜草、茅根、旱莲草止血。此外，叶老有一秘方

名砒枣散，用以治疗经常齿龈溃痛出血，甚或因此而牙齿脱落之牙疳症，每收良效。该药之处方与制法是：以红枣剖开一侧去核，纳入雄黄适量，闭合用棉线扎紧，置于仰放之新瓦上，瓦下用炭火烧焙，至红枣焦松，撤去炭火，冷却后研成细末密封备用，每次以药末少许涂于患处，共10~15天为期，不宜久用，未愈者可隔一月后重复用药，方法同前。叶老常将此药制备于家中，用以赠给患者，深受欢迎。

三、二便出血

叶老认为小便出血涉及心、肾、膀胱三个脏腑。一则"膀胱者州都之官，津液藏也"，气化而出，则为小便，故小便出血首责膀胱；二则心与小肠为表里，小肠与膀胱由太阳经脉相连，故心火过旺者，可以下移小肠，再由小肠下移膀胱，伤及膀胱血络，而致小便出血；三则肾与膀胱相表里，肾阴不足，相火过炽，火结膀胱，亦可引起小便出血。故叶老治溺血证，注重在心、肾与膀胱。凡病在膀胱者多属湿火内结，损伤血络所致，证属实，治以苦寒坚阴，淡渗利湿，宜猪苓汤，加小蓟、淡竹叶、丹皮、茅根等，阴虚明显参入生地，热盛加黄柏。病在心者多因烦劳太过，五志化火，或夏日过劳，感受暑热而内应于心，心火下移，自小肠而至膀胱，火迫血溢，小便出血。治用苦寒清火，通泄祛邪，主方以导赤散合六一散，加入川连、茅根，火盛加山栀，阴虚加知母。病在肾者每因肾阴不足而相火过亢，迫血下行，其证虚实夹杂，治用滋阴清火，佐以淡渗，常以知柏地黄合猪苓汤出入以治，除去萸肉、怀山药，加入旱莲草、茜草、侧柏叶止血。若出血一再发作，尤恐血后留瘀，瘀不去则新血难生，故酌加当归、琥

珀、三七之类和血散瘀。

　　大便出血系指大便紫黑，或黑亮，此系《金匮》所载之远血，其病需分虚实。虚者，叶老责其肝脾两脏，以脾虚无力统血，肝虚不能藏血，脏统失司，血不归经为病机要点，治法主以柔肝温脾、补虚摄血，选用黄土汤，去附子，加炮姜、槐米炭、地榆炭、仙鹤草温脾止血，白芍补肝柔肝。实者，其病在胃，多因胃火壅盛，或与湿相合，湿热内结，迫血下注，治宜苦寒坚阴，清热宁络，常用黄连阿胶汤为主方，去鸡子黄，加槐米炭、地榆炭、鲜石斛、金银花等，若口气秽浊，脘部胀痛者，参以少量制军通腑泄热、和瘀止血，系通因通用治法。

四、病案举例

例1

　　邵某，男，33岁。9月，昌化。

　　燥火烁肺，金受火刑，久咳不已，震伤阳络，血来盈口，咽喉梗痛，声音嘶哑，神形萎顿，脉来细数，舌绛而干。治拟养阴润肺，宜事休养，庶免积重难返。

　　十大功劳叶三钱，丹皮一钱半，粉沙参三钱，川贝三钱，川郁金一钱半，代赭石五钱（杵），金果橄一钱半，生杜仲四钱，甜杏仁三钱（杵），生蛤壳五钱，诃子肉一钱半，野百合一钱半。

　　二诊：前进养阴润肺，咳差血止，咽痛亦减，音嘶如故，脉仍细数无力。前法既效，率由旧章，加重滋养。

　　南沙参三钱，川贝三钱，天麦二冬各三钱，丹皮二钱，诃子肉一钱半，生杜仲四钱，冬瓜仁五钱，百合二钱，甜杏仁三钱（杵），蛤粉二钱拌炒阿胶三钱，炙马兜铃二钱，旱

莲草三钱。

【按语】方用沙参、蛤壳、川贝养阴润肺，百合、丹皮清热凉血，赭石降气，诃子敛气，其中生杜仲一味，为补肾之品，盖肺肾为母子，子赖母生，益其子使不夺母气而自养。服后咳稀血止，脉仍细数，乃阴虚未复，故续以补肺阿胶汤加减，补肺清火，益水滋肾，火清则肺安，液补则津生，自可向愈也。

例2

汪某，男，37岁。3月，于潜。

木火刑金，久咳不已，肺络受伤，血随咳出，留瘀于络，胸胁作痛，午后潮热，形瘦脉细。治拟滋养金水，而制木火，并化留瘀。

川贝三钱，生蛤壳五钱，旱莲草三钱，冬瓜仁四钱，鲜芦根二尺（去节），苡仁四钱，败酱草二钱，茜根二钱，粉丹皮一钱半，炒甘菊一钱半，女贞子四钱，川郁金二钱。

二诊：前方服后血止咳稀，奈为日已久，金水两亏，咽喉唇舌干燥，午后仍有潮热，脉细如故。前意增损续进。

地骨皮三钱，丹皮一钱半，天花粉三钱，川贝三钱，马料豆四钱，炒香白薇二钱，冬瓜仁四钱，蛤壳五钱，生赭石五钱（杵），茜根四钱，败酱草四钱，生白芍三钱。

三诊：两进清金制木，血止咳嗽显减，气平胁痛亦愈，两手脉象转缓。无奈本元未复，藩篱不密，又感新凉，再添寒热。治当兼顾。

冬桑叶一钱半，甘菊一钱半，象贝三钱，炒枇杷叶四钱，丹皮一钱半，双钩四钱，原干扁斛二钱（劈，先煎），川郁金一钱半，生白芍二钱，甜杏仁三钱（杵），炒橘红一钱半。

四诊：新感已解，肺阴未复，再拟养阴清肺。

米炒粉沙参三钱，川贝三钱，冬瓜仁四钱，生赭石五钱，盐水炒橘红一钱半，生白芍一钱半，金沸梗三钱（包），天冬三钱，制女贞子三钱，甘菊二钱，生杜仲四钱。

例3

潘某，男，37岁。2月，昌化。

肺肾之阴不足，水不涵木，木火刑金，咳嗽频频，络破血来，午后潮热，起动乏力，脉来虚数，舌苔光剥，声音嘶哑，火盛灼肺，肺布叶举。拟用养阴生津，润肺疗咳。

粉沙参三钱，天冬四钱，川贝三钱，甜杏仁三钱（杵），丹皮二钱，冬瓜仁四钱，炒怀山药三钱，合欢皮三钱，藏青果三钱，炒秫米四钱（包），粉甘草一钱。

二诊：前方服后，咳血减少，胃纳见增，唯声音嘶哑如故。声从肺出，音从肾来，肺肾之阴未复，再予金水两顾。

粉沙参二钱，米炒麦冬三钱，蛤粉炒阿胶三钱，诃子肉二钱，川贝二钱，甜杏仁三钱（杵），丹皮二钱，怀山药三钱，粉甘草一钱，藏青果一钱半，生白芍一钱半。

三诊：咳宁，血止，声音复常，续服琼玉膏调理。

【按语】以上二例，均为木火刑金而咳血。肝为风木，体阴用阳，肾阴不足，水不涵木，则肝火内动。肺为华盖，主行治节，畏火畏寒，故称娇脏，肺阴不足，不能制木，木反侮金，久咳肺络受伤，血从上溢。汪姓患者，症见胸胁隐痛，乃有瘀阻，方用川郁金、丹皮、茜根、败酱草，意在止血之中而祛留瘀；至于咽干潮热，为阴虚未复，故续用养阴清肺，渐次而愈。潘姓患者，属肺肾两亏，《直指方》云："肺为声音之门，肾为声音之根。"故见声音嘶哑，方用沙参、天麦冬、甜杏仁、阿胶、诃子等，乃两顾肺肾之法。先

后二诊，咳血俱止，声嘶复扬。

例4

蒋某，男，48岁。2月，余杭。

去冬曾经咳血，治后血止，咳嗽迄未根除。入春肝旺阳升，头昏目眩，夜来盗汗，五心作热，午后面红火升，昨夜痰中夹血，今日盈口不止，胸痛气逆，四肢乏力，面色㿠白，形瘦骨立，两脉芤而兼数，已入劳损之途。如今失血过多，气血涣散，须防阴阳脱离之变，病已入险，亟拟生脉散一法。

吉林人参二钱（先煎），麦冬四钱，北五味子一钱。

二诊：昨服生脉散，已奏显效，咳血大减，气逆略平，脉象轻缓，而重按无力，口渴喜饮，精神萎靡，面乏华泽。出血过多，气阴俱伤，虽见生机，未逾险境，再以原法加味。

别直参一钱半（先煎），麦冬四钱，十大功劳三钱，川贝二钱，侧柏叶三钱，蛤粉拌炒阿胶三钱，墨旱莲三钱，盐水炒怀牛膝三钱，白茅根一两。

三诊：前方连服2剂，咳嗽已稀，气逆渐平，盗汗亦收。昨日痰中见有紫色血块，胸胁仍然隐痛，口渴喜饮，脉象濡软。离经之血未去，应防出血再来，花蕊石散继之。

别直参一钱（先煎），川贝二—钱半，煅花蕊石四钱，麦冬四钱，十大功劳三钱，盐水炒怀牛膝三钱，鹿衔草三钱，茜草四钱，冬瓜仁四钱，墨旱莲三钱，参三七粉七分（吞）。

四诊：平气血止，精神好转，咳嗽胸痛不若前甚。瘀血已去，新血得生，唯独寐况欠安，脉缓无力，尺部仍然虚数，一波虽平，无如损怯已成，恢复非易，再拟肺肾同补。

北路太子参二钱（先煎），川贝一钱半，天麦二冬各二钱，炒白薇三钱，细生地四钱，蒸熟百部三钱，蛤粉炒阿胶三钱，甜杏仁三钱（杵），冬瓜仁四钱，怀山药四钱，琼玉膏一两（冲）。

五诊：咳嗽已平，脉象较前有力，治以原方，以北沙参易太子参续服。

【按语】患者去冬曾经咳血，治后血止而咳未休，至春风木行令，木火上犯，肺叶本损，一触即发，血涌而来，出血过多，乃致气阴俱伤，阴不抱阳，阳不摄阴，势将阴阳离决，而成虚脱。用生脉散确为背城借一之策，旨在两救气津，服后症势即见转机。二诊仍宗原意，加阿胶、旱莲、茅根养阴止血，怀牛膝引火下行，病情逐见好转。三诊因痰中见有紫色血块，又仿人参花蕊石散，加三七扶正化瘀，以后次第调摄而安。

例5

喻某，男，40岁。5月，杭州。

体素阴虚，又受跌仆外伤，瘀血阻络，胸膺刺痛，烘热满闷，咳嗽频频，血来盈口，脉弦。肺络受伤，血从外溢，治拟止血化瘀。

煅花蕊石三钱，茜根二钱，黑山栀三钱，炒白薇三钱，冬瓜仁四钱，丹皮二钱，生赭石五钱（杵），川郁金一钱半，败酱草三钱，生苡仁三钱，参三七粉七分（吞）。

二诊：血止胸痛已减，而咳未平，手足心热。阴分有伤，前用化瘀，今当养阴和络。

细生地五钱，茜根一钱半，川郁金一钱半，川贝二钱，旱莲草三钱，甜杏仁三钱（杵），地骨皮三钱，麦冬四钱，制女贞子三钱，丹皮二钱，青蒿梗一钱半。

【按语】外伤出血，最防留瘀不去。唐容川云："跌仆伤

重，制命不治，不制命者，凡是疼痛，皆瘀血凝滞之故。"患者胸膺刺痛，烘热满闷，显为瘀血阻滞，故用花蕊石散加三七、败酱、丹皮等止血化瘀。再诊血止，痛减，乃瘀血已化，是以继用养阴和络，以善其后。

例 6

陈某，42岁。9月，富阳。

阴虚火升，咽喉干燥，痰中夹有血丝，左胁隐痛，寐中盗汗，精神倦怠，胃纳不佳，两脉虚数带芤，舌质光绛。少阴之火上腾，火盛气逆，逼血上行。拟滋阴抑阳，气降火平，则血自静矣。

墨旱莲三钱，川贝三钱，制女贞子四钱，茜根三钱，料豆衣五钱，天冬四钱，仙鹤草三钱，降香八分（后下），紫石英四钱，大生地五钱，生赭石五钱（杵）。

二诊：气为血之帅，气升则血升，气降则血降。前拟滋阴降气，气平血始归经，不致外溢。唯阴虚日久，内热未清，左胁隐痛未罢，脉来虚数带芤，舌绛且干。再拟滋阴清降，以制亢阳，而杜覆辙。

蛤粉炒阿胶三钱，川贝三钱，紫石英四钱，制川柏一钱半，旱莲草三钱，米炒麦冬三钱，盐水炒大生地五钱，橘络一钱半，生牡蛎五钱（杵），料豆皮四钱，制女贞子四钱。

【按语】患者咯血起于肾阴不足，虚火上升，火迫血则循经而出，故咯血无咳嗽之见症。治阴虚咯血，宜滋阴降火，用二至养阴止血，加降香、赭石、石英，乃宗缪仲醇治血三法"宜降气不宜降火"之意。服后气平血止，而脉象仍然虚数带芤，势恐虚火再升，痰血复来，故续以滋肾清降继之。

例7

王某，男，36岁。8月，临安。

经云："中焦受气取汁，变化而赤是谓血。"血本阴液，不宜妄动，今肾阴早亏，相火内炽，逼血上行，假肺道随咳而出，两颧微红，五心烦热，咽喉干燥，腰楚胕酸，神倦乏力，脉芤而数。亟拟补左制右，庶得水火相平，则血自止。

生龟板七钱，丹皮二钱，黑山栀二钱，川贝二钱，旱莲草三钱，盐水炒细生地五钱，天冬四钱，蜜炙白薇三钱，盐水炒知母一钱半，盐水炒川柏一钱，制女贞子四钱，茜根二钱，甜杏仁二钱（杵），败酱草三钱。

二诊：血逢热则溢，遇寒则泣，相火内炽，血为所逼，咯来甚多，两颧微红。前用育阴潜阳，服后血少咳减，脉仍芤数。前方既效，再宗原意出入。

参三七粉七分（吞），丹皮三钱，旱莲草三钱，白薇三钱，黑栀壳三钱，川贝三钱，生赭石五钱，茜根二钱，败酱草三钱，甜杏仁三钱（杵），生赤芍二钱，生龟板三钱，盐水炒细生地四钱。

三诊：血止咳嗽已稀，脉象虚数，舌绛不润。气阴未复，再以调补脾胃为主。

南沙参三钱，川贝三钱，米炒潞党参二钱，天冬四钱，制女贞子三钱，生白芍四钱，米炒怀山药三钱，天花粉四钱，炒丹参三钱，炒晒术二钱，细生地四钱，旱莲草三钱。

【按语】患者耗精过多，肾阴不足，龙雷之火升腾，肆逆于上，迫血妄行，症见咳血咽干、颧红、烦热，治用补左制右。补左者滋补肾水；制右者，泻命门相火，以冀水升火降，则阴血自行归经。叶老治阴虚火动出血，或以育阴

潜阳，或以引火归元，终以补脾收功。脾气充盛，营、卫、气、血得以生化，再因肾水不足，肺金多虚，子病及母之故，培补脾土，宗古人上下交病治其中之意也。

例8

施某，女，30岁。7月，余杭。

风热外袭，头痛身热，咳嗽不爽，咽干口渴，今晨鼻血外溢，量多色鲜，脉象浮数，舌红苔黄。此乃热郁于肺，治当清泄。

冬桑叶三钱，白杏仁三钱（杵），薄荷叶一钱（后下），连翘三钱，黑山栀三钱，甘菊一钱半，鲜芦根一尺（去节），淡子芩一钱半，炙前胡二钱，白茅根五钱，象贝三钱。

二诊：昨进辛凉泄热，身热已解，鼻血未见复来，头痛口渴亦除，唯咳嗽未平，脉象弦滑，舌苔薄黄。再拟清宣气分。

冬桑叶三钱，白杏仁三钱（杵），淡竹如三钱，川贝一钱半，甘菊二钱，淡子芩一钱半，瓜蒌皮四钱，炙前胡二钱，冬瓜子四钱，鲜芦根一尺（去节），清炙枇杷叶三钱。

【按语】鼻衄多因肺胃热盛，上壅清道；或因肝肾阴亏，木火上扰，迫血妄行而致。本例乃表热郁肺，故见身热，咳嗽，脉浮等症。法用清肺泄热，表解热退，衄血自止。

例9

王某，女，28岁。7月，杭州。

鼻衄时发时止，已有年余，近日来势如涌，头昏目眩，腰背酸痛，每次经汛超前而来，量多色红，夜来寐况欠安，且多梦扰，精神萎靡，步履乏力，两脉弦细而数，尺部反见浮大，舌苔燥白。女子以肝为先天，良由水不涵木，肝火上

腾，迫血上行而衄。欲降其火，必先滋阴，欲养其血，必先调气。拟圣愈汤加减，气阴并顾，以冀引血归经。

炒上潞参三钱，炙当归三钱，炒阿胶珠三钱，炙川芎八分，生黄芪五钱，生白芍三钱，细生地五钱，艾叶炭八分，墨旱莲三钱，甘菊二钱，炒女贞子三钱，炙侧柏叶三钱。

二诊：衄血已止，头昏目眩不若前甚，而腰背酸痛如故，夜来梦多寐少，脉象仍然弦细，阴虚未复故也。前方既见效机，再守原法出入。

细生地五钱，生白芍四钱，炒上潞参三钱，炒枣仁三钱（杵），炙当归三钱，生黄芪三钱，制远志一钱半，生牡蛎五钱（杵），炒阿胶珠三钱，旱莲草五钱，制女贞子三钱。

三诊：衄血已止，头昏目眩减轻，昨日月经来潮，量不甚多，而腰酸更甚，寐况仍然不安，脉象弦细微滑。衄血过多，营血必伤，虽在行经期间，不宜补摄，但滋阴养血，尚为必要，续拟两调气营。

炙当归三钱，炙川芎一钱，炒晒白术一钱半，炒川断三钱，米炒上潞参三钱，炒丹参三钱，益母草三钱，炒白芍二钱，辰茯神二钱，炒阿胶珠三钱，炙陈皮一钱半。

四诊：此届经来，四日即净，精神较前好转，而腰背酸楚，始终如故，睡眠仍欠酣适，脉细而弦。真阴不足，肝经之火有余，心肾失交，神不敛舍。再拟气阴两顾，佐以清火。

大生地五钱，生白芍四钱，辰茯神四钱，麦冬四钱，炒阿胶珠三钱，炙当归三钱，川连五分炒枣仁四钱（杵），炒川断二钱，煨补骨脂三钱，墨旱莲三钱，制女贞子三钱，米炒上潞参三钱，生黄芪三钱。

五诊：鼻衄止已两旬，未见再来，腰酸胕软较前减轻，麻况亦有好转。阴虚渐复，再拟原法增删。

米炒上潞参三钱，麦冬三钱，川连五分炒枣仁四钱（杵），炙艾叶一钱（包），炒阿胶珠三钱，辰茯神四钱，细生地五钱，炒白芍四钱，旱莲草五钱，炙当归三钱，甘菊二钱，炒女贞子三钱。

六诊：诸恙均瘥，原方去茯神，加制首乌三钱，气阴并补，以资巩固。

【按语】患者肝阴不足，木火内炽，扰及营血，迫血妄行，衄血过多，气阴俱虚。叶老以圣愈汤合二至，意在益气摄血，滋补肝肾，先后共服50余剂而获显效。本例经医院检查，为原发性血小板减少性紫癜。初诊时血色素、红白细胞均属正常范围，血小板计数3.7万，压脉带试验强阳性。四诊时血小板增加至6.5万，六诊时血小板计数达9万。以后续服中药，随症加减，四月后复查，先后二次血小板均在10万左右，无出血倾向，月经亦无异常，压脉带试验阴性，症状稳定。

例10

金某，女，24岁。5月，杭州。

齿虽属肾，而齿龈属胃，胃火内炽，齿龈肿痛，衄血鲜红，多日未止，口干喜饮，头胀便秘，脉来弦滑，舌苔薄黄而燥。阳明气火有余，少阴真水不足，玉女煎合调胃承气法。

生石膏一两（杵，先煎），知母三钱，大熟地八钱，盐水炒怀牛膝二钱，生锦纹二钱，麦冬四钱，生甘草一钱，鲜茅根一两，旱莲草八钱，淡子芩二钱，茜草四钱，元明粉二钱（冲）。

二诊：大便已下，衄止，齿龈肿痛亦瘥，头胀虽减，口干舌燥如故，苔薄黄，脉滑数。再拟滋阴清热。

生石膏六钱（杵，先煎），大熟地六钱，麦冬三钱，鲜扁石斛四钱（劈，先煎），甘菊二钱，元参三钱，生甘草八分，花粉三钱，肥知母三钱，鲜竹茹三钱。

【按语】初方用玉女煎，以石膏、知母清泄胃火，熟地、麦冬养阴滋肾，合调胃承气，导热下行，服后便通火降，衄止肿消。

例 11

陈某，男，40 岁。10 月，双溪。

便下紫褐色已近匝月，形寒畏冷，脘部隐痛，得温则减，胃纳欠佳，面色少华，脉来细涩，舌苔白薄。此属远血，病在肝脾，肝虚不能藏血，脾虚不能统血，脏统失司，血不归经，溢于下则为便血。治仿《金匮》黄土汤法。

伏龙肝五钱（包），炒於术二钱半，炒白芍四钱，淡子芩一钱半，炒阿胶珠三钱，槐米炭三钱，大熟地炭五钱，炮姜一钱半，炙黑甘草一钱半，地榆炭三钱，仙鹤草五钱。

二诊：前用黄土汤加味，脘痛已止，而便色仍然紫黑，精神萎顿，脉来较前有神，苔白薄。脾虚夹寒，阴阳不为相守，病已日久，药力一时难逮，仍守原法出入。

伏龙肝四钱（包），炒於术二钱半，炙黑甘草一钱半，炮姜一钱半，地榆炭三钱，炒阿胶珠三钱，大熟地炭五钱，槐米炭三钱，旱莲草五钱，炙当归三钱，酒炒白芍三钱。

三诊：大便由紫转黄，而胃纳依然不佳，形寒怯冷如故，脘腹不时隐痛，头昏，四肢乏力，脉象弦细。阴络之血虽止，而留瘀未尽耳。

大熟地五钱，炮姜一钱半，炒阿胶珠三钱，炙当归三钱，蒲黄炭三钱，酒炒白芍三钱，炒晒术三钱，云苓三钱，炙黑甘草一钱，旱莲草四钱，陈皮一钱半。

四诊：前方服后，脘腹之痛已止，而脉细无力如故。血去气阴俱伤，再拟补气益血，以善其后。

米炒上潞参三钱，炒於术二钱半，炙黄芪三钱，茯神三钱，炒枣仁三钱（杵），制远志一钱半，炒阿胶珠一钱，当归三钱，炒白芍三钱，煨木香一钱半，炙甘草一钱，连核龙眼五钱。

【按语】景岳云："脾胃已虚，大便下血者，其血不甚鲜红，或紫或黑。"即《金匮》所谓之远血。近血病在腑，远血病在脏。盖脾主统血，脾气盛，运化有力，脾气虚，则统摄无能；肝主藏血，肝气和，血得畅行，肝气虚，则藏血失司。肝脾为病，血不归经，下渗大肠，则成便血。肝虚宜柔和，脾虚宜温运，用黄土汤加味，意即在此，方中伏龙肝、炮姜，不仅温运脾胃，并能止血，术、草健脾和中，白芍、阿胶、熟地养血柔肝，黄芩清火制燥，为反佐之法。综合方意，乃温清兼施，气血两顾。二诊血未尽止，正如方案所云"病日已久，药力一时难逮"，故仍以原法踵步。三诊血止留瘀未净，又加蒲黄炭一味，止中有行，妙在一药两用。

例 12

商某，男，50岁。10月，余杭。

嗜酒啖肥，湿浊蓄积肠胃，蕴郁化热，迫血下注，圊红夹浊，少腹隐痛，纳食不思，肛门疼痛，脉弦而数，舌苔黄腻。此为脏毒，拟清解阳明郁热，宜化太阴蕴湿，当归赤小豆散加味。

赤小豆五钱（包），炙当归三钱，制苍术一钱半，酒炒淡子芩一钱半，荆芥炭一钱半，炒枳壳一钱半，蜀红藤四钱，炙槐花三钱，银花炭三钱，酒炒白芍二钱，炒川连

八分。

二诊：便血减少，而未尽止，腹痛减轻，食有馨味，脉弦数，苔薄黄。前方既效，原法出入。

炙当归三钱，炒淡子芩一钱半，赤小豆四钱（包），赤苓三钱，蜀红藤三钱，小青皮一钱半，炒川连八分，炒川柏一钱半，荆芥炭一钱半，炒枳壳一钱半，粉丹皮二钱。

【按语】古人治近血有肠风、脏毒之别。许叔微谓："下清血色鲜者，肠风也；血浊而色黯者脏毒也。"叶老辨本病，血色不鲜，肠中隐痛，认为积湿化热，系属脏毒，故与当归小赤豆散随证加味。

例 13

丁某，男，36岁。5月，杭州。

思虑过度伤乎脾，房事失节伤乎肾，土虚水湿不化，水亏相火内炽，湿火相并，下注膀胱，小溲频数夹血，一月有余，不时头昏耳鸣，腰酸胻软，脉弦而数，苔根白腻。少阴之阴已伤，太阴之湿未清，治拟滋阴清火，佐以渗湿。

细生地五钱，知母四钱，川黄柏一钱半，茯苓三钱，旱莲草五钱，泽泻二钱，小蓟炭三钱（包），猪苓三钱，炒阿胶珠三钱，炙侧柏叶三钱，茜根四钱，炒丹皮一钱半。

二诊：前方服后，尿血虽减未除，腰背酸痛如故，脉见弦数，舌苔薄黄。湿火稍清，肾虚未复，再拟原法出入。

细生地五钱，泽泻二钱，盐水炒黄柏一钱半，怀山药三钱，知母四钱，旱莲草五钱，小蓟炭三钱（包），茜根三钱，陈茅根五钱，陈萸肉二钱，炙侧柏叶四钱，丹皮一钱半。

三诊：两进养阴滋肾，清热化湿，尿血减少，腰背酸痛不若前甚，脉细，苔白薄。肾阴之虚一时难复，仿无比山药丸法。

大生地五钱，萸肉一钱半，怀山药三钱，制巴戟三钱，炒杜仲三钱，茯苓四钱，炒菟丝子三钱，泽泻二钱，淡苁蓉二钱，盐水炒牛膝二钱，旱莲草四钱，小蓟炭三钱（包）。

四诊：尿血已止，腰酸减轻。仍以原方去小蓟炭，加女贞子二钱。

【按语】患者尿血由脾肾两虚而起，脾虚不能统血，则血不归经；肾虚下元不足，则血从下渗。故先以猪苓汤合知柏地黄增损，以滋阴、清火、化湿，意在虚实兼顾。三诊尿血减少，腰痛亦差，而反见脉细苔白，谅为脾肾之虚难以骤复，是以又投无比山药丸健脾益肾以培其本，不用五味、赤石脂，防其敛涩余湿耳。

例 14

胡某，男，41 岁。6 月，余杭。

夏月长途跋涉，感受暑热，暑为火邪，内应于心，心火下移小肠，火迫血溢，是以小便出血，茎中热痛，神烦寐劣，口渴喜饮，舌尖绛，脉象濡数。导赤散加味。

细生地六钱，木通一钱半，甘草梢一钱半，淡竹叶三钱，飞滑石四钱（荷叶包），赤苓三钱，琥珀末八分（另吞），川连八分，黑山栀三钱，川萆薢三钱，鲜茅根一两。

二诊：服导赤散加味，尿血已止，茎中痛除，而溲色未清，渴饮已差，寐况得安，脉濡数，苔薄黄。前方既效，仍守原法出入。

细生地五钱，木通一钱半，竹叶三钱，甘草梢一钱半，知母三钱，鲜茅根八钱，赤苓四钱，福泽泻三钱，飞滑石四钱（包），车前草四钱，川萆薢三钱。

例 15

李某，男，30 岁。5 月，杭州。

阴虚夹有湿热，下注膀胱不化，乃致迫血下行，尿血数月于兹。稍劳则血来更多，腰腿酸软，神疲乏力，脉象细数，苔薄黄。以猪苓汤加味。

粉猪苓三钱，泽泻三钱，茯苓四钱，阿胶四钱，飞滑石四钱（包），盐水炒大生地六钱，小蓟炭三钱（包），粉丹皮三钱，鲜茅根一两，淡竹叶三钱，藕节炭三钱。

二诊：前进猪苓汤合小蓟饮子之法，尿血显减，溲水渐清，腰酸腿软亦差，唯神疲无力依然，脉苔如前。再宗前方增损续进。

猪苓二钱，白茯苓三钱，泽泻二钱半，飞滑石四钱（包），阿胶四钱，小蓟炭三钱（包），丹皮二钱，盐水炒细生地五钱，盐水炒杜仲五钱，潼蒺藜三钱，盐水炒桑椹子三钱。

【按语】综观以上两案，前者尿血属阴虚火盛，方用导赤散，泻火利水，养阴止血；后者为阴虚湿热下注，故以猪苓汤滋阴凉血，利湿泻热。同为阴虚尿血，病同因异，治有区别。

蛔 虫 证

一、蛔虫证论治

蛔虫证腹痛或轻或重，止作无序，舌有朱点，面有虫斑，以此为辨。叶老治此证宗长沙法，以安蛔丸为主方，用药辛苦酸甘并进，辛如川椒、吴茱萸、干姜、桂枝，苦如百部、苦楝根皮，甘如甘草，脾虚者加党参，酸如乌梅，并加入雷丸、鹤虱、槟榔、四君子、白芜荑等杀虫，腹痛剧烈，腹胀拒按者，服药前先饮生菜油一匙，通下救急，以增药效，他如益气健脾，气血双补，温中止痛等药物，均随证酌用。虫驱以后常用益气健脾运中和胃如香砂六君之类，作为善后之措，至于雷丸等杀虫药的应用，药味多少不一，按病情掌握。

二、病案举例

例1

鲍某，女，6岁。8月，临安。

饮食不节，脾胃受伤，形体消瘦，腹痛时作。两月前，曾患顿咳，至今未痊。今晨起，腹痛如绞，呕吐频作，口出蛔虫，饮食不进，大便数日未落，腹部膨胀，坚硬拒按，面青肢厥，躁烦不安，舌起蛛点，苔厚腻，脉象弦滞。病属蛔虫内扰，法当驱蛔安胃。用酸苦辛滑温通之剂。

生菜油一两（先服），炒川椒一钱半（包），炙甘草一钱半，白芜荑二钱（包），雷丸四钱，蒸熟百部二钱，淡吴萸六分，炒枇杷叶四钱，山楂肉四钱，炙前胡二钱，炙当归三钱，花槟榔三钱。

二诊：前方服后，大便泻下三次，先后解出蛔虫五十余条，肢温厥回，面青亦退，腹痛略轻，膨胀亦减，稍进薄粥，夜能安寐，脉象弦滑，舌苔厚腻略退。蛔患未平，再拟安蛔和中。

米炒上潞参三钱，炙甘草一钱半，炙当归三钱，槟榔三钱，乌梅三钱，雷丸三钱，炒川椒一钱半（包），炒杭芍二钱，炙新会皮三钱，煨南木香一钱半，苦楝根皮五钱。

三诊：两日来，便中续下蛔虫四十余条，腹部胀痛俱瘥，胃气未苏，苔薄腻，蛛点减少，脉象小弦。中气未复，再进健脾调中。

米炒上潞参三钱，炒於术二钱，茯苓四钱，炙甘草一钱半，天仙藤三钱，焦陈皮二钱半，宋半夏二钱半，盐水炒娑罗子三钱，带壳春砂八分（杵，包煎），炒谷麦芽各三钱，炙鸡内金三钱。

【按语】 蛔虫结聚肠中，腹筍凸起，绞痛异常，按之坚硬，烦躁不安，肢冷厥逆，俗称"蛔结瘕"，即是此证。初诊用生菜油灌服，取其行气滑肠，散结杀虫，对蛔虫阻塞肠道者，通下急救，效颇迅捷。尝见叶老每遇此类病人，用以拯危，无不应手奏效。本患者是浙江省中医院住院病人，临床诊断为"机械性肠梗阻"，病情危急，本议手术，后经中药治愈。

例 2

盛某，男，11 岁。3 月，杭州。

胃脘阵痛，痛甚面青唇紫，肢末作冷，呕吐涎沫，曾经多次吐出蛔虫，脉沉伏，苔白薄。病属蛔厥，亟拟温通安蛔。

乌梅三钱，蜜炙桂枝一钱半，干姜一钱半，雷丸四钱，使君子肉四钱，白芜荑三钱（包），鹤虱三钱（包），炒川椒八分（包），甘松一钱半，四制香附三钱，花槟榔二钱，炙甘草一钱。

二诊：前方服后，便下蛔虫多条，腹痛已减，肢冷转暖，脉象弦滞。虫积未尽，再宗原法出入。

蜜炙桂枝八分，干姜一钱二分，乌梅三钱，苦楝根皮三钱，雷丸三钱，鹤虱三钱（包），蒸熟百部二钱半，使君子肉四钱，白芜荑三钱（包），四制香附三钱，甘松一钱半。

【按语】经云："蛔者，长虫也。胃中冷，即吐蛔。"蛔因寒则动，上扰于膈，故见脘痛，肢厥，吐蛔。仿《金匮》乌梅丸，为蛔厥之正治法也。

例3

胡某，男，6岁。4月，绍兴。

周前曾下蛔虫，迩仍绕脐腹痛，痛无定时，纳谷不馨，便下溏薄，肢冷，面色㿠白，脉虚细，苔薄白。治以温中驱蛔。

米炒上潞参三钱，炙黑甘草一钱半，炒香白术二钱，干姜一钱半，炒川椒一钱半，乌梅肉三钱，使君子三钱，淡吴萸六分，鹤虱三钱（包），雷丸四钱，茯苓四钱。

二诊：前方服后，便中续下蛔虫，腹痛减轻，纳谷见增，肢冷不若前甚。再宗原法化裁。

米炒上潞参三钱，炒白术二钱，炒黑甘草一钱半，炮姜一钱二分，乌梅肉三钱，雷丸四钱，炒川椒八分（包），苦楝根皮五钱，泡吴萸五分，炒当归二钱，鹤虱三钱（包），炒使君肉二钱。

【按语】本例属脾胃虚寒而见虫患，故用理中安蛔加佐，鼓动中阳，结合驱蛔，为标本兼顾之法。

月经不调证

叶老擅内科，亦长于妇科，享有妇科专家之誉，求治者踊跃，对于月经不调、带下、不孕以及胎前产后诸证，疗效显著。兹就月经不调之治疗经验简略介绍如下。

一、重脾胃，益气血之源

脾为后天之本，胃乃水谷之海。气血生于水谷，水谷衰则气血亦衰，水谷盛则气血亦盛。冲为血海，冲脉所藏之血，源自水谷，故叶老常曰"八脉丽于阳明"，盖阳明者冲脉之本也。女子以血为先天，血者，主于心，藏于肝，其统摄生化则在于中焦脾胃。故凡脾胃虚损，中气不足，气血生化不充，冲脉贮注失度，进而八脉约束无力，奇经失以固摄，再加客邪袭入，以致经脉痹阻，气血循行失常，于是月事不调。故叶老调治月经，首重脾胃，常从调脾胃，运中州着手，俾枢轴健运，血气充盈，则太冲脉盛，月事得以时下。遣方选药常宗仲景甘药之例，慎用苦寒、腻滞、酸浊之品，犹恐遏阻中阳，误伐脾胃。凡经行愆期，色淡量少而又拖延时日，淋沥难净，伴以面色萎黄、肢软神怠、舌胖苔薄、两脉沉细软弱者，常投归芪建中合归脾汤加减治疗，以参、术、甘草补脾虚、复脾运，丹参、桂枝、远志养心血、通心气，当归、白芍、枣仁益肝血、柔肝络，更以黄芪合当归乃补血汤之意，或加杜仲、川断、潼蒺藜温摄奇经。此方从心脾着手，使气壮能够生血，血和自得归经。月经净后，继以十全大补汤补养气血以资巩固。叶老治是证，喜用参、桂、苓、术以健脾土，配姜、枣鼓舞脾胃，佐芍药调和营卫，使血气充盛，六脉和畅。亦有用地黄者，必佐砂仁、木香制其阴腻之性。当归用量偏小，或与地黄一起炒炭，作为养血止血之用。川芎系血中气药，走而不守，腹胀腹痛者少量用之，淋沥难净者每弃之不用。他如脾虚湿盛者用胃苓汤合六君子，除湿健脾以启中轴；痰湿内伏者采陈平汤加制香附、旋覆花，消痰湿以行气血。用于治疗邪郁中州，气血运行受阻而见胸腹满胀，

月经愆期，汛前腹痛，经行量少而淋沥难净者。待湿痰消除，仍以归脾汤、香砂六君之类巩固之。

二、调厥阴，和血脉之机

叶老尝曰："月经贵乎如期，血安经水自调，女子易于佛郁，郁则气滞，血亦滞也。"盖厥阴肝脉绕阴器而循两胁，冲任跷维皆肝胃所隶，故女子以肝为先天，月经不调者多病在冲任而治在厥阴。叶老调治厥阴详究体用标本。如因情怀失畅，木郁不达，气血交阻而汛期至而不至，兼以经前胸腹胀痛，经行量少夹有血块者，每采《局方》逍遥散宣通气血以舒肝用。良因肝气有余，故除去苓、术、甘草之守中，参入香附、郁金、丹参以疏调。若气郁化火，肝火冲激，载血妄行，以致冲任不守，血海蓄溢无常，每见口苦嗌干，神烦寐劣，经汛趋前，行前胸腹胀痛，经来量多色紫，抑或淋沥不净者，常用丹栀逍遥散去苓、术、甘草，用药以当归、芍药养肝血、补肝体，柴胡、薄荷梗疏肝气、抑肝用，丹皮、山栀清泻肝火为主，酌加侧柏、小蓟凉血，夏枯草、川楝子凉肝，再用干姜之辛热通脉，与山栀、丹皮合成苦辛通降之法。大凡肝气有余每兼肝血不足，故在经净以后继以四物汤加丹皮、制香附、路路通等为善后调治。若因触受寒凉，邪客厥阴，引起月经至而不至，小腹拘急冷疼，或经行量少不畅，色暗夹有血块者，亦用逍遥散，改薄荷为苏梗，加小茴香、吴萸、天仙藤等辛热逐寒通痹，行经止痛，或用柴胡桂枝法，甚者选用桂枝加桂汤去生姜加干姜、吴萸、乌药、艾叶等辛热之剂，治法与寒袭冲任者相似。至于气火升腾，血气上逆，月经先期而至，或见鼻衄咯血之倒经者，亟宜降逆顺气，导血下行，柴、术、姜、草已非所宜，采用桃红四物

加丹皮、茅根清火，川牛膝、降香导下。月经净后再以归芍
地黄之类调治。

三、理奇经，重月经之本

叶老说："治妇科不究奇经，犹如隔靴搔痒。"经曰：
"女子……二七而天癸至，任脉通，太冲脉盛，月事以时
下，故有子……七七任脉虚，太冲脉衰少，天癸竭，地道不
通，故形坏而无子也。"冲脉为血海，藏十二经之血，为月
经之本。加以任脉为之担任，带脉为之约束，跷维为之拥
护，督脉为之统摄，是以八脉协调，血气循行有序，月经得
以按时而下。叶老治奇经，法在通补。认为调治奇经，养血
应无碍胃之弊，止漏需防寒凉之咎，盖八脉丽于阳明也。奇
经协调，血海宁静，则循经荣内，血不淫溢。对于八脉失
调，尤其冲任约束无力，经行先后不齐，经量多少不一而拖
延时日，滴沥难净，伴以头昏神倦，腰腿酸软者，常用《金
匮》胶艾汤温养奇经，摄纳冲任。以阿胶补摄，艾叶温固，
归、地补冲任之阴，芍、草缓带脉之急，除去川芎加入黄
芪、潼蒺藜、杞子、酸枣仁固摄八脉，或佐醋香附、龙芽草
通涩，龙骨、牡蛎止漏。待月经净后再以八珍汤调理。若阴
虚火旺，热迫冲任，以致月经先期而至，色鲜量多，伴燥热
神烦，失眠多梦者，治以清养通摄，喜用《医学入门》固经
丸合《傅青主女科》所载之两地汤加减治疗。以二地、芍
药、龟板固护冲任之阴，壮水以制火，使阳从阴化；黄芩清
肺热，黄柏泻相火，清热以护阴；香附醋制，合樗皮一疏
一收，配合侧柏叶，仙鹤草摄血止漏。净后再用归芍地黄
调之。

四、逐邪气，保月事之常

《灵枢·水胀》曰："寒气客于子门，子门闭塞，气不得通，恶血当泻不泻，衃以留止，日以益大，状如怀子，月事不以时下。"《金匮》亦云："妇人之病，因虚，积冷，结气，为诸经水断绝。"常见妇女经期受冷，嗜凉饮冰，以致寒袭奇经，邪阻胞宫，左右隧道不利，气血循行受阻，而见面色青，四肢冷，小腹急痛，经行受阻，或逾期而至，色暗量少夹有血块者。叶老宗"寒者凝泣，温者通"的机理，治以破除阴寒，暖冲任，振阳气，通血脉。好用桂枝加桂汤，改加桂枝为加肉桂，常用上肉桂五分，研末，饭和成丸，随药吞服。盖肉桂辛热，味厚气宏，直达下焦，补命门，温冲任，暖胞宫，入血分。能够领桂枝汤上助心阳以通血脉，中温脾胃以和营卫，下资肾命以逐冗寒。配合吴茱萸汤暖厥阴，通奇经，酌加艾叶温冲任，归、芎调血。若其人肾督阳气素馁，平日畏寒怯冷，大便易溏，神怠腰酸，带多清稀者，参入炮姜、杜仲、鹿角、黄芪、胡芦巴等通补温摄。如血为寒凝，留积成瘀，气血行涩，证见经行不畅，小腹疼痛，经色暗红而多血块，则用《妇人良方》温经汤，或投《济阴纲目》过期饮，以桃红四物为主，加肉桂逐寒，䗪虫破瘀，莪术散结，香附行气，牛膝导下。地黄阴腻而常去之，或减其制与砂仁拌捣用之。对于因瘀血留阻以致经前腹痛较剧而拒按，量少色暗而血块较多，经行而腹痛不减者，常用《金匮》当归芍药散合失笑散为治，经净以后再用十全大补参入少量西藏红花调理。叶老治瘀积生热，或热郁奇经而经前腹痛拒按，经期先后不一，经行色紫而稠，经量月月减少，渐至经闭，伴以燥热口干便结者，每用桃红四物合《全生指

《迷方》中的地黄煎，主用大黄、丹皮、红花、桃仁、归尾、赤芍泻瘀热，继以丹栀逍遥去术、草，加少量桃、红调理善后。

五、病案举例

例1

陆某，女，30岁。10月，杭州。

去岁血崩，气血俱虚，经行愆期，色淡量少，拖延时日，头昏心悸，腰楚胕软，面色无华，舌淡红，苔薄白，脉涩无力。证属冲任两伤，治当调摄奇经。

大熟地八钱，炙当归三钱，炒阿胶珠四钱，炒枣仁三钱，制远志一钱二分，炙黄芪三钱，炒柏子仁二钱，炒白芍三钱，猪心血炒丹参三钱，炒川断三钱，炙川芎五分。

二诊：前方服后，头昏、心悸、腰酸均减，但寐况欠佳，纳食乏味。续以心脾两顾。

米炒上潞参三钱，炒冬术二钱，炙当归三钱，炒枣仁四钱，制远志一钱二分，炙黄芪三钱，清炙甘草八分，广木香一钱半，炒杜仲三钱，潼蒺藜三钱，炒川断三钱，炒阿胶珠四钱。

三诊：寐况好转，面色较前红润，经汛将临，腰酸又甚，脉缓滑，苔白滑，原法出入。

炒上潞参三钱，丹参四钱，炙当归三钱，茯苓四钱，炒菟丝子三钱，制川断三钱，炒枣仁四钱，炒白芍四钱，炙川芎八分，大熟地四钱，炒杜仲四钱。

四诊：此届经来如期，色量正常，脉缓，苔白薄。再拟养血调经。

炙当归三钱，炒丹参四钱，益母草三钱，炒白芍三钱，

炙川芎一钱，炒菟丝子三钱，炒杜仲四钱，炒阿胶珠三钱，炒白术一钱半，新会皮一钱半。

【按语】患者去岁血崩，冲任二脉已伤，气阴俱耗，以致经行愆期，量少色淡，脉涩无力，心悸寐劣，纳食不佳。辨证求因，关键在于心脾，故治疗以四物汤、归脾汤随证加减，气血同顾，气壮则能摄血，血和自得归经。服后经行按期，色量正常，获效显然。

例2

孟某，女，21岁。3月，上海。

肝郁气滞，冲任失调，经来超前，量少色褐，乳房作胀，少腹疼痛，腰膂酸楚，五心烦热，脉弦小数，口苦苔黄。治拟养血疏肝调经，丹栀逍遥散加减。

炙当归三钱，炒赤芍三钱，柴胡一钱，茯苓四钱，丹皮二钱，黑山栀三钱，炙青皮一钱半，川郁金二钱，甘草八分，四制香附二钱半，薄荷纯梗一钱半。

二诊：此届经来，瘀滞减少，量亦较多，乳胀腹痛不若前甚，脉象弦滑，再拟疏肝调经。

炙当归三钱，丹参三钱，赤白芍各二钱，柴胡八分，炙青皮一钱半，丹皮二钱，川郁金二钱，制香附一钱半，益母草三钱，路路通二钱，炙甘草八分。

【按语】肝气抑郁，郁则化火，火盛迫血，因而经水超前，量少色褐，乳头属厥阴，乳房属阳明，故而乳胀腹痛。方用丹栀逍遥散清热疏肝，养血调经，便木气调达，则血得畅行。

例3

沈某，女，33岁。8月，杭州。

前次月经愆期五日方来，此届又逾期未行，小腹胀痛，

昨见鼻衄，量多色红，颜面烘热，头痛而胀，神烦寐劣，大便燥结，舌白薄黄，脉象滑数。此血热逆行故也。

丹皮三钱，赤白芍各二钱，益母草四钱，泽兰三钱，炒杵桃仁一钱半，生卷柏三钱，川牛膝二一钱半，杜红花一钱半，全当归三钱，茅根一两，川芎一钱半。

二诊：前方服后，衄止寐安，月经未行，少腹胀痛如故。上行之血已有下达之渐，原方仍可续进。

全当归三钱，泽兰三钱，生卷柏三钱，炒桃仁一钱半，益母草四钱，川牛膝一钱半，赤芍三钱，杜红花一钱半，丹参三钱，凌霄花三钱，陈茅根一两。

三诊：月经已行，色鲜量少，小腹胀痛已除。再拟气血两顾，以调冲任。

米炒上潞参二钱，炒晒白术一钱半，云茯苓三钱，炙当归三钱，炒白芍三钱，大生地四钱，清炙甘草八分，陈皮一钱半，阿胶珠三钱。

【按语】患者体素血热，气火上升，血不下行，月经逾期不来，倒行逆施，而致鼻衄，此倒经也。方用凉血清热，导血下行，泻火于阴，使血归经而衄自止，月经得以通调。

例4

陈某，女，34岁。10月，于潜。

每届经来淋沥不畅，色紫而黯，夹有血块，小腹胀痛，痛甚拒按，手足心内热，五月于兹，舌紫绛，脉弦涩。气滞瘀阻，失笑散加味。

酒炒蒲黄一钱半，酒制玄胡二钱，青蒿梗二钱，泽兰二钱，五灵脂五钱（包），青皮一钱半，赤白芍各一钱半，生鳖甲七钱（先煎），酒炒当归四钱，生山楂四钱，酒炒柴胡一钱半，盐水炒川楝子三钱。

二诊：经行畅通，痛胀显减，手足心热亦除。治用原方去失笑散、青蒿、鳖甲，加郁金、四制香附续服。

【按语】本例为气滞血不畅行而成瘀阻，以致经行不畅，腹痛拒按。治用失笑合金铃子散行气逐瘀，为塞者通之之法。

例5

程某，女，26岁。2月，上海。

经水每每逾期而来，色淡量少，少腹冷痛，得温则舒，四肢不暖，面色苍白，脉来涩迟。证属冲任虚寒，气滞血阻，仿长沙法。

炙桂枝一钱半，炒白芍三钱，酒炒当归四钱，炒川芎一钱半，炙甘草一钱半，炙艾叶一钱半（包），酒炒丹参五钱，桂心八分（研粉，饭和丸，吞），制附香三钱，郁金一钱半，制川断三钱，炮姜一钱半，红枣五枚。

二诊：前方服后，腹痛减轻，肢冷转暖，脉象迟缓，苔薄白。前方既效，仍守原法出入。

炙桂枝一钱半，炒白芍三钱，酒炒当归四钱，酒炒丹参五钱，炙川芎一钱半，炙艾叶一钱半（包），制香附三钱，郁金一钱半，制川断三钱，炮姜一钱半，益母草三钱，桂心七分（研粉，饭和丸，吞）。

三诊：两进温通行血，胞宫寒凝，得暖而散，腹痛若杳，脉缓苔白。再拟益气养血。

炙当归三钱，炙川芎一钱半，炒杭芍二钱，郁金一钱半，制川断三钱，炙桂枝一钱，炙甘草一钱二分，炙黄芪三钱，砂仁八分拌熟地六钱，米炒上潞参三钱，制香附三钱，红枣五枚。

【按语】《金匮》云："妇人之病，因虚，积冷，积气，

为诸经水断绝。"以上三者，均能形成经水之不调。本例患者，为寒客胞宫，血因冷而滞行，以致经来逾期，寒气郁于下焦，故见少腹冷痛。方用桂枝汤复加用肉桂，意在助阳逐阴，调和营卫，为寒者热之之法。叶老以此法用于治虚寒痛经，颇见获效，此举其一也。

例6

汤某，女，32岁。5月，上海。

情态抑郁，肝失疏泄，经停年余，饮食日减，头晕目眩，腰楚𰣀软，脘腹胀而且痛，脉来细涩，舌苔白薄。气机失调，冲任不和，拟疏肝调经。

炒娑罗子三钱，制玄胡二钱，三角胡麻三钱，炙当归三钱，炒小茴香八分（包），炒川芎一钱半，杭白芍二钱半，泽兰三钱，炒金铃子三钱，酒炒丹参三钱，决明子四钱，四制香附一钱半，青陈皮各一钱半。

二诊：前方服后，腰腹痛减，纳食见增，而头目晕眩如故，腰酸虽减未除，脉细苔薄。仍守原法出入。

炒娑罗子三钱，炙当归三钱，三角胡麻三钱，制玄胡二钱，酒炒丹参四钱，炙川芎一钱半，制牛膝三钱，炒赤芍二钱，四制香附二钱，泽兰二钱，青陈皮各一钱半。

三诊：前方连续服10剂后，脘腹之痛已止，月经昨日已临，但量少色淡，脉转缓滑。再拟养血调经。

炒当归三钱，酒炒丹参四钱，炙川芎一钱半，炒赤芍三钱，泽兰二钱，炒香小茴八分，制川断三钱，炒娑罗子三钱，制续断三钱，四制香附二钱半，煅石决明四钱（先煎），炒川楝子三钱。

【按语】此为肝气郁结，损及心脾，经云："二阳之病发心脾，有不得隐曲，女子不月。"心脾虚则血无以资生，故而经停年余不行，叶老不治心脾而治肝胃者，乃穷源返本之计也。

例7

盛某，女，20岁。7月，东岳。

室女经停三月未转，少腹冷痛，四肢不暖，脉来紧细。寒客胞宫，冲任失调，治当温通奇经。

紫石英四钱，桂心六分（研粉，饭丸，吞），三角胡麻三钱，桃仁二钱，当归尾二钱，红花一钱半，酒炒白芍二钱半，卷柏三钱，四制香附二钱，川芎一钱半，炙地鳖虫四钱，泽兰三钱，盐水炒牛膝三钱。

二诊：前方服后，腹痛减轻，脉见弦滑。寒气得温而散，瘀滞有下达之渐。仍守原法出入。

紫石英四钱，桃仁三钱，三角胡麻三钱，卷柏三钱，酒炒蓬术二钱半，泽兰三钱，酒炒川牛膝三钱，制香附二钱，路路通三钱。

三诊：经汛已转，色量亦属正常，再拟调经继之。

炙当归三钱，川芎一钱半，炒白芍四钱，泽兰二钱，杜红花一钱半，路路通三钱，制香附二钱，酒炒牛膝三钱，益母草三钱。

【按语】患者经停三月，乃因寒客胞宫，积于冲任所致。因而少腹冷痛，四肢不暖，脉象紧细。治用《济阴纲目》过期饮加减，温通奇经，血得热则行，月经复来，诸症若失。

例8

王某，女，36岁。10月，上海。

每次经来，色鲜量多，拖延时日，面色萎黄，心悸不宁，纳少便溏，脉象细小，舌苔白薄。心脾两亏，主统无

权，拟补益心脾。

米炒上潞参三钱，清炙黄芪三钱，炒晒白术二钱，炒归身一钱半，炙甘草八分，炒枣仁二钱，制远志一钱二分，炮姜五分，炒阿胶珠三钱，砂仁五分拌炒大熟地四钱，煨广木香一钱二分，龙眼连核五枚。

二诊：前方连服10剂，经漏即止，胃纳亦增，按服归脾丸，以善其后。

【按语】患者心脾两虚，主统失司，血不归经，冲任失固，故而经来淋沥不净，治用归脾汤加味，补气益血，以摄奇经。经漏止后，接服丸剂，缓图其功，以杜覆辙。

例9

师某，女，12岁。9月，上海。

年未二七，经汛已临，量多色鲜，延已五旬未净，面容少华，午后有虚潮之热，唇色淡红。冲任已损，有入怯途之虑，亟拟固摄奇经。

熟地炭六钱，萸肉一钱半，煅龙骨四钱，清炙黄芪三钱，炒白芍三钱，炒阿胶珠四钱，炙侧柏叶三钱，艾叶炭一钱二分，旱莲草五钱，陈棕炭三钱，煅牡蛎一两（先煎），小蓟炭三钱。

二诊：前方服后，经漏顿止，而潮热未清，脉虚无力。血去阴伤，再拟滋养肝肾，以丽八脉。

熟地炭六钱，阿胶珠四钱，炒白芍三钱，炙侧柏叶三钱，旱莲草五钱，清炙黄芪三钱，小蓟炭一钱半，黄芩炭一钱半，制女贞子三钱。

【按语】患者经事拖延五旬未净，又见潮热，面色少华，虚象显然，故谓有入损之虞。叶老治以脾肾着手，固摄下元，一诊即获显效。经漏止后，改用滋补肝肾，以调营血。

例 10

王某，女，38岁。7月，富阳。

经行半月未止，量多色殷，午后潮热，掌心如灼，心悸头晕，夜寐不安，口干心烦，足跟隐痛，脉来虚数，舌红中有裂纹。肝肾之阴不足，虚火内扰，冲任失固，治拟固经汤化裁。

炒白芍三钱，黄柏炭一钱，醋炙香附二钱，炙樗皮三钱，炙龟板五钱（先煎），炒黄芩二钱，侧柏炭三钱，地榆炭三钱，仙鹤草一两，生地炭五钱，地骨皮四钱。

二诊：经漏已止，心悸头晕减轻，夜寐较安。治以前方去侧柏、地榆、仙鹤草，加旱莲草、女贞子，续服6剂。

【按语】肝肾之阴不足，虚火内扰，八脉失固，以致经漏不止，方用固经汤加味，以龟板、生地、芍药固护营阴，黄柏清下焦之火，仙鹤草、地榆、侧柏叶清热止血，香附调气以和肝，醋制者，敛肝气而不动血。服后水得滋生，虚火自平，冲任得固，经漏始止。

例 11

冯某，女，43岁。7月，乌镇。

情志抑郁，肝失疏泄，月经数月一转，量少色紫，年余于兹，自觉少腹有块不时攻痛，面色暗滞，肌肤甲错，舌紫，脉象弦涩。气滞血瘀，任脉为病。治拟疏肝理气，活血行瘀。

抵当丸二钱（分二次吞），丹参五钱，生苡仁五钱，泽泻二钱，小青皮一钱半，云茯苓五钱，广木香八分拌炒白芍一钱半，制香附二钱，小茴香八分拌炒当归三钱，郁金一钱半，白术一钱半，桑海二螵蛸各三钱。

二诊：前方服后，少腹攻痛不若前甚，而月经仍然未

行，脉象弦涩，舌紫。仍守原法出入。

抵当丸二钱（分二次吞），丹参五钱，木香八分拌炒白芍一钱半，炒川芎一钱半，炒金铃子二钱，郁金一钱半，小茴香八分拌炒当归三钱，炒白术一钱半，杜红花八分，小青皮一钱半，制香附二钱，桑海二螵蛸各三钱。

三诊：昨日月经来临，量多色紫，夹有血块。少腹之痛已除，肌肤甲错如前。再拟养血调经。

炒当归三钱，炙川芎一钱，炒丹参五钱，炒白芍三钱，益母草三钱，藏红花一钱，云茯苓四钱，郁金二钱，炒川楝子三钱，青皮一钱半，制香附二钱。

【按语】患者由情志抑郁，气滞血瘀，而致月经不调，数月一行，且腹内有块攻痛，系有形之物，为癥瘕之类。用攻坚破积之法。瘀去则经水通行。

带 下 证

一、带下证论治

白带良由带脉不束，下流白物，或腥臭黏稠，或色白清稀，或色偏青，或夹血丝，或见于经前经后，或终日绵绵不已。盖带脉者，约束八脉，其不得约束者，良由脾虚气陷，或肾虚不固，也有湿热下注与肝火夹湿者，叶老治此，由气虚下陷所致者，治用完带汤为主方，以党参、白术、怀山药、甘草益气健脾，苍术、车前子加茯苓燥湿渗湿，柴胡升清，佐以白鸡冠花、白果、威喜丸等固涩止带，湿重者再加

荆芥、防风燥湿，痊后以六君子汤善后。肾虚不固者主用大补元煎，用熟地、萸肉、怀山药、党参、当归、杜仲、加潼蒺藜、菟丝子、生龙骨、煅牡蛎温涩，肉桂、巴戟温肾，阳虚甚者附子也可加入，最后用无比山药丸巩固之。肝胆相火内炽夹湿为患者，常以龙胆泻肝汤加减，用龙胆草、丹皮、黑栀泻肝胆实火，赤苓、泽泻、车前草利湿，苍术燥湿，奇粮、银花清热，再加一味白鸡冠花止带，善后采用丹栀逍遥丸。湿热下注者，常用二妙丸合猪肚丸为主方清泻脾肾湿热，采苍术、泽泻或加赤苓、车前草燥湿利湿，黄芩、黄柏、凤尾草清热，加入白鸡冠花、芡实止带。若热炽而伤络，带下赤白者，加入炙樗白皮、炒赤芍、炙地榆、丹皮等。

二、病案举例

例 1

王某，女，27 岁。4 月，塘栖。

带下青色，腥臭稠黏，头胀目眩，口苦胁痛，脉来弦数，舌质红，苔黄腻。证属肝经湿火下注，拟泻厥阴之火，利膀胱之湿。

龙胆草二钱，黑栀三钱，炒白芍三钱，甘草一钱，青陈皮各一钱，茯苓四钱，绵茵陈五钱，柴胡一钱半，川草薢三钱，黄芩一钱半，炙白鸡冠花四钱。

二诊：前方服后，头胀目眩，口苦胁痛均减，带下色转黄色，腥臭亦减，脉见弦滑，苔薄黄，再守原法。

龙胆草二钱，柴胡一钱半，黑山栀三钱，茯苓四钱，生甘草一钱，淡芩一钱半，车前子三钱（包），泽泻二钱，炒白芍三钱，郁金二钱，炙白鸡冠花四钱。

【按语】肝经湿热下注胞宫，而成青带。治疗先用龙胆泻肝泻火以燥湿，继以丹栀逍遥疏肝而清热。肝得条达，气机通利，则湿热无所依存，带自止矣。

例2

诸葛，女，46岁。10月，兰溪。

去秋以来，白带清稀，绵绵不已，面色苍白，形寒肢冷，腰背酸坠，大便溏薄，舌淡红，苔薄白，脉见沉细。脾肾虚寒，带脉失约，治以温补固摄。

鹿角胶一钱半，制巴戟三钱，菟丝饼三钱，清炙黄芪三钱，米炒上潞参三钱，牡蛎六钱（先煎），生龙骨三钱（先煎），淡附块三钱，潼蒺藜三钱，炙陈皮一钱半，茯苓四钱，桂心八分（研粉，饭和丸，吞）。

二诊：腰酸背痛减轻，白带亦少，大便已不溏薄。前方既有效机，原意毋庸更改。

鹿角胶一钱半，淡苁蓉二钱，菟丝饼二钱，制巴戟三钱，清炙黄芪三钱，淡熟附块三钱，米炒上潞参三钱，煨益智仁二钱，炒杜仲三钱，茯苓四钱，陈皮一钱半，米炒怀山药三钱。

三诊：带净，腰酸已除，四肢亦暖，嘱服内补丸每日二钱，吞。

【按语】命门火衰，上不能熏蒸脾土，下不能温摄奇经，故见大便溏薄，腰酸肢冷，带下清稀，绵绵不已。方用桂、附、鹿角胶、巴戟、苁蓉温肾助阳，参、芪、茯苓、怀山药补脾益气。乃脾肾两顾之法，俾肾阳伸发，脾土运化有权，带脉得以约束，所患自可向愈也。

例3

沈某，女，38岁。4月，宁波。

带下黄稠，胸腹闷胀，食无馨味，神倦乏力，腰膂酸楚，小便赤热，脉滑苔黄。脾虚不能运湿，湿蕴化热，下注成带。治拟清热化湿。

制苍术二钱，猪苓二钱，淡竹叶二钱半，制川柏一钱半，飞滑石三钱（包），草薢三钱，赤白苓各三钱，炒苡仁三钱，甘草梢一钱半，炙白鸡冠花五钱，炙新会皮二钱。

二诊：前方服后，带下显减，腰膂酸楚，胸腹胀闷均不若前甚。使服二妙丸，每日三钱，淡盐汤吞送。

【按语】患者因脾失健运，蕴湿化热，下注带脉，清浊混淆而成黄带。治用胃苓汤加减，清热化湿，实为因势利导，与虚寒带下之用温摄不同。

例4

马某，女，32岁。4月，杭州。

冲任失调，每次经行愆期，湿火下注，带下赤白，腰酸两腿重滞，食少，神倦乏力，脉象弦滑，舌苔薄黄。二妙散加味。

炒苍术二钱，炒黄柏钱半，飞滑石三钱（包），炙樗白皮三钱，赤苓四钱，川草薢三钱，苡仁四钱，炙海螵蛸四钱，炒赤芍二钱，炙地榆三钱，炙侧柏叶三钱，丹皮二钱。

二诊：带下赤白已除，腰酸腿重不若前甚。胃气渐振，原法加减。

炒苍术二钱，炒於术二钱，炒丹参三钱，炒芡实四钱，炒苡仁四钱，炒白芍二钱，炙地榆三钱，川草薢三钱，赤苓三钱，新会皮二钱，炒当归二钱。

【按语】患者带下赤白，乃热重于湿，故初方重在清热，结合化湿，二诊带下已净，又以健脾化湿而治其根源。

胎 前 证

一、胎前证论治

治疗胎前证其要有三,一是恶阻,二是保胎,三是水肿。叶老治疗妊娠恶阻从肝胃失和立论,以肝郁而气逆,胃虚而失降为主要病机,肝气逆上则见脘胀泛酸,脾胃气虚遂病神倦乏力,胃气上逆而呕吐频作。乃以疏肝、健脾、降逆和胃为治。盖此为无邪而病,故用药以气味俱簿者为宜,选用顺肝益气汤加减,疏肝用砂壳、苏梗、或加六梅花、玫瑰花,健脾以党参、白术、茯苓,降逆和胃常投陈皮、竹茹、姜夏、刀豆子等,若素有肝郁而生内热者加石决明平肝、左金丸清热。按顺肝益气汤原有养血药熟地、当归、白芍,叶老厌其滋腻过阻胃气,故除之,他如麦冬之养肺、神曲之消导俱按辨证应用。保胎者,宗胎前宜凉,产后宜温之说,常于方中加入苏梗、黄芩、苎麻根以固胎元,他如健脾益气以养胎,补肾充任以固胎,气阴双补以护胎等俱为常用治法。妊娠水肿多由肺脾二虚所致,叶老认为肺虚无力行三焦之气,以致水道决渎失常,脾虚则制水力弱,水湿泛溢成肿。水肿以下肢为主,也有漫及全身者,同时伴有头昏身重,乏力纳差,胸闷腹胀,治疗以健脾利水,理气安胎为常法,用天仙屯散合五皮饮、或合五苓散加减,若伴内热,用桑皮配以黄芩、苏梗安胎。

二、病案举例

例1

张某,女,34岁。9月,昌化。

经停三月,纳减择食,呕吐泛酸,胸闷作胀,神倦乏力,苔色薄白,脉来弦滑。此妊娠恶阻耳。

苏梗三钱,姜半夏三钱,姜汁炒竹茹三钱,炒白术一钱半,盐水炒刀豆子三钱,茯苓三钱,玫瑰花八朵,煅石决明六钱,盐水炒橘红二钱,阳春砂一钱(杵,后下),左金丸八分(吞)。

二诊:前服调气和胃之剂,脘闷得舒,呕吐泛酸减少,唯倦怠思睡,舌淡苔白,脉较无力。再以调气健脾。

米炒上潞参三钱,炒白术一钱半,茯苓三钱,姜半夏二钱,炒橘红一钱半,炙甘草八分,阳春砂一钱(杵,后下),绿萼梅一钱半,盐水炒刀豆子三钱,左金丸八分(吞),生姜二片,红枣四枚。

三诊:呕吐泛酸已除,渐思纳谷,苔白,脉缓滑。再以香砂六君加减,前方去左金丸、刀豆子,加桑寄生三钱。

【按语】本例属妊娠胃气失调,故用二陈合左金加苏梗调气和胃,药虽轻灵,效果显然。

例2

庄某,女,25岁。3月,余姚。

怀孕五月,下肢浮肿,小便短少,头晕身重,胸闷腹胀,脉缓滑,苔薄白。症属子肿,治当健脾利水,理气安胎。

炒白术二钱半,天仙藤三钱,带皮苓四钱,苏梗二钱半,泽泻三钱,清炙桑白皮三钱,炒陈皮一钱半,冬瓜皮四

钱，大腹皮三钱，广木香八分，生姜皮一钱半，阳春砂一钱半（杵，吞下）。

二诊：小溲增多，下肢浮肿渐消，胸闷腹胀得宽，头晕亦轻。仍步前方加减。

米炒上潞参三钱，炒晒术二钱半，天仙藤三钱，带皮苓四钱，苏梗二钱，泽泻三钱，炒陈皮一钱半，冬瓜皮四钱，阳春砂一钱（杵，后下），桑寄生三钱，炒杜仲三钱，生姜皮一钱。

【按语】妊娠五月，太阴司胎，脾虚中阳失运，水谷之湿内聚，外溢皮肤成肿。方宗天仙藤散合五皮饮，旨在健脾渗湿，理气安胎，脾得运则水自行，气得调则胎自安。

例3

白某，女，39岁。10月，杭州。

禀体阴虚，妊娠八月，头晕目眩，面赤烘热，心悸寐劣，下肢浮肿，今晨突然抽搐，不省人事，按脉弦滑有力，舌绛唇干。厥阴风木内动，夹痰火而上扰，证属子痫重症，拟羚羊角散化裁。

羚羊角片七分（先煎），老钩五钱（后下），生石决明一两（先煎），天麻一钱半，甘菊花三钱，生白芍三钱，大生地六钱，茯神四钱，竹沥半夏三钱，胆南星八分，当归二钱，鲜竹茹三钱。

二诊：前方服后，神苏，抽搐亦定，唯尚感头晕目眩，心悸夜寐欠酣，脉弦滑，舌绛。再拟潜阳息风，以杜反复。

羚羊角片五分（先煎），归身二钱，蛤粉炒阿胶四钱，生石决明八钱（先煎），生牡蛎六钱（先煎），青龙齿四钱（先煎），麦冬三钱，茯神四钱，生白芍二钱，大生地六钱，

老钩四钱（后下），炒橘红一钱半，鲜竹茹三钱。

【按语】患者素体阴虚，妊娠血养胎元，则阴虚更甚。阴虚于下，阳扰于上，内风夹痰热而升腾，乃致猝见斯症。仿羚羊角散加减，冀其息风潜阳，清神涤痰，而使胎气得安。

例4

施某，女，29岁。10月，临安。

气阴两虚，冲任失固。迩又妊娠三月，漏红旬日未止，腰脊酸楚，小腹下坠，头晕耳鸣，两腿软弱，小便频数，脉细滑无力，舌淡苔白。亟宜气阴两顾之法。

米炒上潞参三钱，炒白术一钱半，清炙黄芪三钱，桑寄生三钱，炒杜仲四钱，川断炭三钱，艾绒一钱，炒阿胶四钱，小蓟炭三钱，炙侧柏叶三钱，炒菟丝子三钱（包），大生地六钱。

二诊：前方服后，漏红已止，小腹下坠，腰脊酸楚均差，小便频数亦减。仍步原意再进。

米炒上潞参三钱，炒白术一钱半，盐水炒菟丝三钱（包），煨狗脊四钱，炒川断三钱，艾绒八分炒，阿胶四钱，清炙黄芪三钱，炙甘草八分，大生地六钱，炒杜仲四钱，炒陈皮钱半。

三诊：诸恙悉减，胎气得安，脉亦较前有力，舌淡苔白。续服泰山磐石散，每隔五日进服一剂。

【按语】气阴两亏之体，往往虽孕易漏，胎亦难长，而致滑坠。患者宿有斯患，此次妊娠三月，又见漏红尿频，小腹胀坠，势恐重蹈覆辙，故急用参、芪、胶、地两补气阴，以摄胎元。

产　后　证

一、产后证论治

产后三大证即痉、汗、大便难。叶老认为产后痉证除破伤风以外多见于外感热病，良以新产之人，营血内虚，恶露未净，一旦触受温热外邪，易于内陷，又恐邪热与恶血相结，搏于血分，激动肝风，而见痉搐。故对于新产妇人感受温热外邪者，治疗时十分注意防止其出现热入血室的现象。当邪在卫分，恶寒、发热、烦渴，若见恶露减少，须防其热入血室，急在清热宣透剂中参入当归、红花、桃仁、益母草等，腹痛者失笑散也可加入。使药后恶露增多，腹部胀痛减轻，以免表热入里，激动肝风，而致痉搐。至于产后便秘，乃由营血内虚，肠燥所致，证属虚秘，主用养血润肠为治，取五仁丸润燥加蜜炙枳壳下气，甚者酌加玄明粉少许以润下，它如生首乌、咸苁蓉等也可加入，恶露未净者参以当归、益母草等，对于大黄，应用时十分谨慎，尤恐取快于一时，泻后重伤津液，燥闭益甚。对于新产之后汗出失常者，不论自汗、盗汗，多从血虚卫疏，营不内守着眼，常采桂枝龙牡与归芪建中为治。

二、病案举例

例1

郭某，女，29岁。3月，杭州。

产后一候，夹感，先有形寒，继而壮热，胸闷，烦躁不安，口渴喜饮。今起恶露减少，包呈紫黯，小腹胀疼，苔黄而干，脉象浮数，有热入血室之虑。治以辛凉解表，佐以行瘀。

青连翘三钱，炒荆芥二钱，黑山栀三钱，炒香豉三钱，花粉三钱，金石斛三钱（劈，先煎），冬桑叶三钱，炒桃仁二钱，炙当归三钱，杜红花一钱半，炒蒲黄二钱，益母草四钱。

二诊：服后得微汗，身热已减，胸闷渐宽，烦渴亦差，恶露增多，小腹已不胀痛，苔薄黄，脉滑。再宗原法。

炒荆芥二钱，冬桑叶三钱，川石斛四钱，杜红花一钱半，甘菊二钱，青连翘三钱，新会皮一钱半，川郁金二钱，花粉三钱，竹二青三钱，炙当归三钱。

【按语】新产发热，恶露未净，每易扰及血室，故立方重在清热行瘀，使表热迅解，瘀得畅行，法属两顾。

例2

姚某，女，22岁。8月，杭州。

新产血虚，营阴内伤，迄今近旬，恶露未净，大便秘结，少腹作胀，舌淡红，苔薄白，脉象细涩。治拟养血润肠。

炒柏子仁四钱（杵），火麻仁三钱，炒枣仁三钱（杵），炒桃仁二钱（杵），全瓜蒌四钱（打），松子仁三钱（打），紫丹参四钱，炙当归四钱，炙枳壳一钱半，益母草三钱，蜂蜜一两（分冲）。

二诊：服后肠道得润，大便自通，少腹之胀亦宽，脉细缓，原意出入续进。

炙当归四钱，紫丹参五钱，炒柏子仁三钱（杵），枸杞

子三钱，炒玉竹三钱，茺蔚子三钱，新会皮一钱半，砂仁五分（捣），熟地五钱，松子仁三钱（杵），粉甘草八分。

【按语】患者谅为新产血去过多，津液不足，血虚肠燥而致便难，故方用五仁加味，养血润肠，滋液通幽。

例3

田某，女，39岁。11月，杭州。

产后半月余，恶露仍多，来势如崩，血去过多，气阴大伤，面色苍白，四肢厥冷，自汗淋漓，头昏眼花，精神恍惚，舌质光淡，脉象沉细。有阴竭阳脱，危在顷刻之虑。

别直参三钱（先煎），淡附块三钱，川桂枝一钱半，炙当归二钱，炙黄芪四钱，北五味一钱半，麦冬三钱，五花龙骨五钱（先煎），生牡蛎一两（先煎），炮姜一钱半，炙甘草一钱半，阿胶四钱。

二诊：连服前方，崩虽止，而淋沥未净，四肢虽转暖，但自汗未尽收，头晕神倦如故，舌如前，脉仍细软无力。前方既效，增减再进。

别直参二钱（先煎），大熟地八钱，炙归身三钱，炙黄芪四钱，阿胶珠四钱，北五味一钱二分，麦冬三钱，五花龙骨五钱（先煎），生牡蛎一两（先煎），炒续断三钱，淡附块一钱半，炙甘草一钱半。

三诊：恶露已净，自汗亦止，头昏见差，唯神倦如故，苔转白薄，脉细而缓。再拟两顾气血。

炙黄芪六钱，炙归身三钱，米炒上潞参四钱，阿胶珠四钱，制续断三钱，炒冬术二钱，炙甘草八分，砂仁五分（捣），熟地六钱，炒枣仁四钱，茯神三钱，龙眼肉三钱。

【按语】患者产后两旬，恶露仍多，乃冲任已虚，调摄无权，继之来势如崩，势必营血大伤。故症见肢冷自汗，脉象沉细，为气血涣散，阴不抱阳，阳不摄阴，有阴阳离决之险。立方重用参、芪、附、桂挽脱救逆于顷刻。崩止之后，复投黑归脾合理中，心脾两益，以使中气鼓动，主统有权，卫气营血，自得恢复。

妇科杂病

一、妇科杂病论治

  女子由于生理与生活等因素而形成了部分特有的病证。例如由于产后劳累，分娩生育，以致体弱气虚下陷，子宫下垂，遂病阴挺。叶老认为此由气虚下陷，收摄无力所致，治用东垣法，方选补中益气加减，用药如党参、白术、黄芪、甘草补气，升麻、柴胡举陷，配合当归养血，陈皮调中，以肾为气之根，故加入杜仲补肾。他如狗脊、桑螵蛸也可加入。待病情好转，改用补中益气丸巩固之。其二为脏躁，叶老认为《金匮》立百合地黄与甘麦大枣二方，前者用于心肾阴亏，后者用于心脾二虚，也有气血津液俱虚而二方合用者。良以妇女多郁，凡情怀不畅，肝血不足者，肝郁不舒，肝阳内张，以致心神失养，热扰心神者也可出现脏躁症状，除用上述二方外，郁金、菖蒲、远志、玫瑰花等解郁，决明子、天麻、紫贝齿、珍珠母平肝镇逆，以及丹参、白芍、枣仁、柏子仁等养血均可酌情加入。第三为怯证，此由产时出血过多，产后失以调养所致，出现畏寒、肢冷、神怠、乏力、或午后虚热、或乳汁不充，此属营血不足，气虚内寒，宗劳者温之，损者益之，用当归生姜羊肉汤合归芪建中汤加味以治等。

二、病案举例

例1

崔某，女，25岁。9月，常熟。

中气素虚，产后过劳，气虚下陷，收摄无力，下腹重坠，阴中有物外挺，腰酸无力，带下如注，小便频急，脉象虚缓，舌淡苔白。治拟补中益气汤加味。

清炙黄芪五钱，炒潞参三钱，炒晒白术三钱，炙当归三钱，清炙甘草一钱，柴胡一钱半，炙升麻一钱半，陈皮一钱半，炒杜仲四钱，米炒怀山药四钱，盐水炒桑螵蛸三钱。

二诊：前用升提补摄之剂，阴中之物外挺略见内收，带减，腰酸亦差。仍以原法进之。

清炙黄芪五钱，炒党参三钱，炒白术三钱，炙当归三钱，清炙甘草一钱，柴胡一钱半，炙升麻一钱半，枳壳一钱半，山萸肉三钱，米炒怀山药四钱，炒杜仲四钱。

三诊：迭进补中益气，阴中之物已不外挺，下腹重坠消失，带下尿频均除，续服补中益气丸，每日四钱，二次分吞。

【按语】中虚之体，复因产后劳累，易成阴挺，方用补中益气，以符"虚者补之""陷者举之"之意。

例2

姜某，女，34岁。7月，绍兴。

素体阴虚，又加情志郁结，寐况不佳，由来多时，食少便秘。迄因受惊，昨起突然哭笑无常，呵欠频作，躁烦心悸，彻夜难眠，口干舌绛，脉来弦细而数。宗《金匮》法。

甘草二钱，淮小麦一两，生熟枣仁各三钱（杵），大生地六钱，野百合四钱，麦冬三钱，辰茯神四钱，炒柏子仁四钱，肥知母三钱，广郁金二钱，石菖蒲一钱二分，大枣十枚。

二诊：前方连服 5 剂，寐况好转，大便通润，情志已趋稳定，呵欠不作，躁烦心悸亦差。再宗原法出入。

甘草一钱半，淮小麦一两，青龙齿四钱（杵，先煎），辰茯神四钱，麦冬三钱，炒柏子仁三钱（杵），广郁金二钱，炒枣仁四钱（杵），大生地六钱，生白芍二钱，大枣八枚。

【按语】患者系营阴已亏，又加内伤七情，得惊恐而诱发，属脏躁证也。故方用甘麦大枣合百合地黄汤养心滋液，佐以郁金，菖蒲芳香开郁。服后阴液渐复，心火得降，病遂趋安。

例 3

陈某，女，32 岁。余杭。

旧冬产后突然惊吓而致心气失敛，震荡不宁，夜寐欠安，头昏目眩，面额四肢浮肿。病已半载，难以速疗。先拟平肝宁心安神，佐以健脾运湿。

紫贝齿五钱（先煎），酸枣仁三钱（杵），珍珠母一两（先煎），生芪皮二钱五分，冬瓜皮四钱，辰茯苓五钱，猪心血拌丹参五钱，制远志一钱二分，柏子仁三钱，决明子三钱，煨天麻二钱，朱砂安神丸三钱（吞）。

二诊：药后虽得片刻之睡而多梦扰，心悸未平，头部晕胀作痛，浮肿虽消，但咳嗽有痰，仍宗前法出入。

紫贝齿四钱（先煎），猪心血拌丹参四钱，珍珠母一两（先煎），决明子四钱，煨天麻二钱，辰茯苓四钱，酸枣仁三钱（杵），制远志一钱二分，姜竹茹三钱，宋半夏二钱五分。

三诊：服前方，睡眠已有三四小时，面颊皮肤浮肿全消，心悸渐宁，唯头晕目眩如故。经愆而或妄行，大便下血。再拟凉血平肝，养阴安神。

旱莲草五钱，槐米炭三钱，制女贞三钱，辰茯神五钱，紫贝齿四钱（先煎），酸枣仁三钱（杵），猪心血拌丹参四钱，决明子四钱，煨天麻二钱，珍珠母一两（先煎），甘菊花二钱。

四诊：便血止后，经汛即行，小腹胀痛，头晕目眩，心悸乏力，虚火得敛，夜寐安宁。再拟平肝宁心，佐以调经。

芜蔚子三钱，泽兰三钱，猪心血拌丹参四钱，杭白芍三钱，紫贝齿四钱（先煎），辰茯神三钱，决明子三钱，煨天麻一钱五分，甘菊花一钱五分，女贞子三钱。

【按语】该案属产后气血虚弱，心脾二亏，以致头晕心悸，夜不安寐。薛立斋曰："人所主者心，心所主者血，心血一虚，神气不守，惊悸由来。"又脾虚不能运湿，则水溢而为浮肿。心血不足，血不养肝，肝阳亢越上僭，头晕目眩。是以治宜平肝宁心以安神，健脾运湿以退肿。三诊阴虚血热妄行，经期便血，转拟凉血平肝，便血得止。四诊证情好转，续以平肝宁心善后。

例 4

牟某，女，26 岁。9 月，杭州。

产后月余，气血未复，面色苍白，头昏倦怠，胃纳不佳，肌肤不润，乳汁甚少，大便溏薄，脉虚细，舌淡红，苔薄白。拟两补气血。

鹿角霜三钱（包），米炒上潞参三钱，清炙黄芪五钱，炙当归二钱，炒晒白术二钱，云苓四钱，丝通草五分，清炙甘草八分，煨广木香一钱二分，留行子三钱，大枣六枚。

二诊：前方服后，乳汁增多，胃纳亦馨，大便正常，头晕神倦亦有好转，原法继之。

米炒上潞参三钱，清炙黄芪五钱，炙当归二钱，炒晒白术二钱，炒白芍二钱，云苓四钱，鹿角霜二钱（包），炒紫丹参三钱，清炙甘草八分。

【按语】本例属产后气血两虚，不能生化乳汁，故方用当归补血合四君子滋补气血，佐入鹿角霜、留行子、通草，取其活络通乳，补中有疏之法。

例 5

章某，女，38 岁。11 月，杭州。

产后二月，时多形寒，下午见有微热，腹中绵绵隐痛，喜按，得暖则减，乳汁日少，形体消瘦，所幸胃纳尚可，舌淡苔白，脉来沉细。属营血不足，虚寒之证耳。

精羊肉八两（先煎代水），酒炒当归五钱，生姜二两，清炙黄芪四钱，桂枝八分，白芍二钱，清炙甘草一钱，炒冬术二钱，炒丹参四钱，鹿角霜三钱。

二诊：连服 3 剂，形寒微热均除，腹痛亦愈，脉亦不若前之沉细。再拟调补气血。

炒当归三钱，清炙黄芪六钱，炒潞党参四钱，炮姜八分，炒冬术二钱，炙甘草八分，鹿角霜三钱，炒白芍二钱，炒川断三钱，炒丹参四钱。

【按语】产后元气亏损，又加寒滞，故虽有微热，而脉沉细，方用当归生姜羊肉汤加味，温中补虚，系宗"劳者温之，损者益之"之义。

例 6

李某，女，35 岁。昌化。

阳维为病苦寒热，经旨可据。因阳维近乎营卫，合乎冲

任、营卫不和，则气血交错，寒热乃作。又云，任脉为病，男子七疝，女子带下瘕聚。所以产后左少腹结有瘕块，带下时见。今届夏令，卧病月余，人颇困倦，必属病湿无疑。常卧气滞血泣，少腹之痞痛忽而加甚，至今未已。月信数月一度，夹有瘀血而浓稠。想冲任阳维既有病于先，经血当行不行，渐成败血于后。败血不行，新血有碍，故经不能准时而下，同时饮食减少，运化失职，血病及气，脏病及腑，病情丛杂，用药难通。拟方尚希酌服。

抵当丸三钱（包煎），丹参三钱，生苡仁五钱，泽泻二钱，青皮一钱五分，木香八分，炒白芍一钱五分，茯苓四钱，桑海螵蛸各三钱，金铃子二钱，郁金一钱五分，小茴香一钱五分，拌炒当归三钱，香附二钱，白术一钱五分。

【按语】此证由七情失宜，脏腑亏损，气血乖违，循行失度，以致气郁血结，腹痛瘕聚，月经不调。又因夏令久卧伤气，湿滞成带。故治用调理气血之法，方中抵当丸一味，荡涤瘀结，去陈出新，尤为方治之主药。

诊余漫话

冬令进补话膏方

在每张膏方前面都有一篇脉案。脉案的内容包括引经旨、述主症、析病机、立治则，写脉案需文采简朴，字迹秀丽，因此，作为一个中医，既要具有扎实的理论基础与丰富的临床经验，还必须具备深厚的文学功底，并练就一手比较好的书法。

书写脉案的方法约有三种：其一，先述脉舌神态，依此推断病因病机，进而论述症状，点出治疗原则。其二，先论以往病症、体质特点，继述当前主要症状，然后点出治疗法则。其三，先述病因，如劳力劳心，耗精耗神，失饥伤饱，膏粱厚味等，然后述症状，析病机，最后指出治疗原则。膏方用药的照顾面广，一张处方中采用的成方何止一二种，因

此只写治则，不写方名。

脉案后接着书写药物，分两部分，前部分书写药物，后部分书写果品类、冰糖、黄酒等。在处方最后还可以写上制药方法与饮食宜忌等。如：以上药，多加水，煎取三汁，然后浓缩。另用黄酒烊化胶类。待药汁浓缩后，最后加入冰糖、胶类收膏。冷后，收贮待用。从冬至日起，每日早晨取膏药一汤匙，开水冲，空腹服。服药期间忌食萝卜、芥菜。感冒发热、食积等暂停服药几日。

膏方禀《金匮》治未病的思想，作为体虚者冬令调补之用。但膏滋不专于滋补，尚可调治太过与不及，故应用膏方除补益以外，诸如虚实夹杂，病后失调之顽症痼疾者，如劳损、痰饮、咯血、胃病、关格、遗滑、痿痹、疮毒以及月经不调、不孕、产后、崩漏与带下等，均能恰当地于滋补之中寓以调治而获良效。在采用膏方调理的同时应注意摄生，如精神调节，饮食宜忌与劳逸有度等，俾能"药养两到，庶克有济"。

膏方之药味多者42味，少者27味，常用者在33~37味。其中胶类药1~3味，多数为2味；果品类2~4味，多数为3味；调味类用1味冰糖，糖尿病患者改用木糖醇；中药少者21味，多者35味，多数为28味左右。

（一）胶类药

选用阿胶、鹿角胶、霞天胶、虎骨胶、龟板胶、金樱子膏、鳖甲胶。阿胶几乎每人必用，用量以90克为多，营血内虚者加至180克，肝肾阴虚者为110克上下，兼有胃病而中脘痞胀者减至60克，个别痰多黏稠者则不用，改为其他胶类。心脾两虚，气血不足者再加霞天胶；阴虚加龟板胶；

阳虚加鹿角胶，阴阳两虚二者俱皆加入；日晡潮热者加鳖甲胶；相火内炽经常遗泄者加金樱子膏。胶类药一般每人选用二种，少数患者应用一种或三种。每人应用胶类的总量为150~165克，体虚无实邪兼夹者增至250~300克，饮停痰多者仅用阿胶一味约90克。

（二）果品类

常用有红枣、莲子、龙眼肉、胡桃肉、白果、黑枣。其中红枣为每人必用，若平素胃气失和而脘胀便干者减少用量为60~90克；莲子亦几乎每人必用，同样对于脘胀便干者减为60~90克，少数痰热较盛者不再采用。盖红枣甘温，补脾胃，润心肺，和百药；莲子甘平，补心脾肾而涩精固肠。二味合用，功在温补脾胃而又兼及五脏，在膏方中每采用之。龙眼肉甘平补心脾，益智宁神，心脾两虚，气血不足者用之。白果甘苦而涩，定痰喘，止带下，常应用于痰饮咳喘与带下较多之人。胡桃肉甘热，温肺补肾，应用于发育不良，不孕不育与肾虚大便溏泄者。此上各种果类之常用量均为120克。

（三）调味品

调味用冰糖，取其质纯，且具有甘温补脾和中，缓肝润肺之功用。其用量一般为500克，多者750克，少则300克。按病者之口味喜恶、兼夹病邪之程度与胃气和降之功能而变化。糖尿病患者改用木糖醇。肺阴内虚，干咳痰血，肠燥便闭者加白蜜150克，同时适当减少冰糖用量。

（四）方药应用

膏方的主要功用在于燮理阴阳，补五藏，养气血，达到

正气充盛，五藏元真通畅，人自安和，"膏剂滋之，不专在补，并却病也"，在膏方中酌情参入祛病邪、治宿疾之药物，如"滋补之中，当寓潜消阴饮"等。滋补而并非单纯的进补，滋补中兼以祛邪以治疗痼疾，从而获取最大之效果，这是应用膏方调理之特色，使之不同于一般的营养补品而备受欢迎。膏方所用药物约可分为补益类、治疗类与调剂类三部分，其中调剂类乃指具有和中、理气、宁神、涩精等功用，药性平和，不伤正气的辅助药物。

1. 补益类

为膏方中的主药，药味最多，约占膏方药味总数的四分之三，多者为五分之四，少者也占二分之一以上。常用药为20~24味（含果类，胶类与糖，下同），多者26味，少者16~17味不等，按每方的药味总数与兼夹病症之轻重而变化。其中养阴药常用有生地、熟地、女贞子、杞子、首乌、萸肉与官燕。生地除阳虚严重者外为每人必用，熟地除夹痰夹湿与胃脘作胀者外均应用之，二地相合的剂量为240~300克，阴虚血少者增至350克上下，脾肾阳虚者减至120克左右；女贞子除脾虚夹痰夹湿者外亦都应用，脾肾阳虚而精血不足者再参入杞子，应用上述二药者约占三分之二；若其人肝肾阴虚而精血不足，且无实邪兼夹者，则用萸肉、首乌，用此二味约占三分之一。温阳药常用为杜仲、潼蒺藜、狗脊、附子、桂枝、炮姜、补骨脂、菟丝子等。其中杜仲、潼蒺藜、狗脊可应用于所有患者，盖此三味气味俱薄，温而不燥，与二地、女贞、杞子合用，阴阳平补，无偏胜之虑；附子、桂枝、炮姜，用于肾阳式微者；巴戟、补骨脂、菟丝子用于督阳内虚者，均随证量病以进。其中应用桂、附、炮姜者不论药味与剂量必须严格掌握，而且要注意配伍。处

方时潼蒺藜、杜仲、狗脊之剂量一般为 90 克，杜仲与狗脊少者 45 克，多者 120 克，按肾虚与腰部酸痛之程度灵活掌握。补气药常用有党参、白术、怀山药、甘草以及黄芪、苁蓉、老山参。其中党参、白术为必用，怀山药除夹湿中满者外亦应用之，夹湿热、痰阻、中满者不用甘草，营血不足者用黄芪、党参合四物汤为圣愈汤，系补血之要方。兼阳虚加苁蓉，气虚甚者隔用老山参，量宜大，约 90 克。他如怀山药用量 90 克，白术为 60 克，党参 90~120 克，个别益气生血者加至 180 克。补血药常用为当归、白芍、枣仁、桑椹子、丹参、川芎。当归与白芍为所有服药者必用，剂量为白芍 60 克，当归 90 克，夹湿热者当归减为 45 克，伴血虚月经量少而不畅者加至 120 克，同时加入川芎，枣仁补心血、安心神、敛心气，丹参补心血，桑椹养肝血，多数患者皆可应用。生津养液药有麦冬、天冬、玉竹、北沙参、霍山石斛、五味子等，用于阴虚内热、血虚内热以及肺胃津液戕伤者，其中用麦冬者占二分之一强，用玉竹者占二分之一弱，天冬、沙参、石斛、五味均系偶有应用者。良以麦冬与参、草等相合成麦冬汤，系古人生津养液之主方也。

2. 治疗类

系指膏方中用以祛病邪，消症状，治痼疾，但对于人体之阴阳气血津液等多少会带来不利影响的药物。例如清热之丹皮、黄柏、夏枯草，利湿之米仁、泻泽，解毒之地丁，燥湿祛风之苍术，平肝之菊花、天麻、石决明，镇肝之磁石，温胃之荜茇，利气消胀之娑罗子、香附、八月札、郁金与木香，清肺之白薇、蛤壳，化痰之杏仁、旋覆花、远志，降逆之赭石、紫菀、降香，通络之忍冬藤、伸筋草，宁心安神之珍珠母、龙齿、夜交藤，固涩之龙骨、牡蛎、芡实、桑螵

蛸等。此上药物因病因证而进，但应用不宜过多，所用药味占膏方总药味的十分之一至五分之一，少数为三分之一或十分之一，亦有个别可不用此类药物。总之，此类治疗药物不可不用，也不可多用，以免喧宾夺主而影响疗效。除药物品种以外，此类药物在剂量上亦不宜偏大，一般来说，苦寒者如黄柏为45克、丹皮45克、夏枯草60克、泽泻45克，个别热著湿盛者，丹皮加至60克，泽泻90克。同时在配伍上，用黄柏佐甘草，用丹皮佐萸肉，以减轻其寒凉伤正之副作用。

3. 辅助类

辅助类如疏肝利气之陈皮、砂仁、绿梅、玫瑰花，渗湿之茯苓。以上药物按膏方用药之滋腻程度与服药者脾胃和降功能之正常与否而酌情选用，其中砂仁、陈皮、茯苓3味必用。盖中医处方犹如绘画，绘画应疏密有致，处方要阴阳相济，膏方必须疏补结合，以免碍中。

膏方每方由2~4个成方所组成，应随证灵活加减，师古而不泥。膏方中所用之药味虽多，必须主次分明，配伍精当，组方严谨。处方以阴阳平衡，整体统一为基础，详析病机，随机立法，因法遣药，层次分明。补养为主，兼顾祛邪治病，达到扶正祛邪，补虚治病的双重功用。祛邪重视湿、痰与热，尤其对于内热炽盛者，在应用苦寒药时，不论品种，药味与剂量方面均应慎之又慎，正确地配伍制约，以突出膏方的治疗特色。

（五）病案举例

例1

朱某，男，48岁。11月，上海。

内经云："阴平阳秘，精神乃治。"阴者阳之守，阳者阴之使，无阳则阴无以生，无阴则阳无以长，两者锱铢相称，不可稍偏，偏即为病。阴虚则阳越无制，故头目眩晕，心悸寐劣。肾乃真阴之所，脑为髓之海，髓不充盛，致记忆健忘，腰脊酸楚。目者肝之窍，肝阴不足，则目睛干痛。舌苔薄白，脉象弦细而数。证属肝肾阴亏，营血不足。乘斯冬令，当以滋阴潜阳，平补气血之味，易汤为膏，缓缓进服，以培其本。

盐水炒大生地五两，熟地五两，砂仁三钱拌炒沙苑蒺藜三两，燕根一两（包煎），制远志一两五钱，宋半夏二两，滁菊一两，炒女贞子三两，夜交藤三两，炒竹茹二两，萸肉二两，茯神三两，盐水炒橘红一两五钱，生珍珠母八两，盐水炒桑椹子三两，怀山药三两（打），川柏一两五钱，炙当归三两，生益智仁三两，青龙齿三两，甘草梢一两，福泽泻一两五钱，炒枣仁三两（杵），杭白芍二两，制首乌三两，新会皮一两五钱，生川杜仲三两，丹皮一两五钱，麦冬三两，制川断三两，米炒上潞参四两，炒香晒白术二两，盐水炒杞子三两，莲子四两，红枣四两，龙眼肉四两，驴皮胶四两（先炖，收膏和入），冰糖一斤（收膏入）。

例2

陈某，男，47岁。上海。

先天之本属肾，后天之本属脾，患者尚在中年，命门之火趋衰。火虚不能焙土，以致脾虚失于健运，形体不丰，畏寒肢冷，每在寅卯阳升之际，则阴冷益甚，虽在重衾之中而不觉暖，而且记忆减退，食后脘腹作胀。脉来迟细无力，两尺弱不应指，舌淡苔薄。冬令调补，当从益气扶阳，补肾健脾着手，且当注意摄生之道。

潞党参三两，炙黄芪四两，炒冬术二两，炒当归三两，淡附子四两，川桂枝一两五钱，炒白芍二两，炮姜八钱，甘草一两，淡苁蓉三两，炒破故纸三两，煨益智仁三两，盐水炒杞子一两五钱，炒菟丝子三两，盐水炒覆盆子四两，砂仁五钱，捣大生地四两，制女贞三两，炒枣仁二两，炒续断四两，炒杜仲四两，潼蒺藜三两，炒扶筋三两，泽泻三两，怀山药三两，茯苓三两，炒米仁四两，新会皮一两五钱，姜半夏一两五钱，胡桃肉四两，南枣四两，龙眼肉四两，莲子四两，霞天胶一两五钱，鹿角胶一两二钱，驴皮胶二两五钱（共炖烊，收膏入），冰糖十两（收膏入）。

例3

席某，男，45岁。上海。

肝主一身之筋，肾司全体之骨，肝肾两亏，筋骨失养而易病。肾水既亏，木失荣养，慓悍之气即化为风，木旺侮土，土郁日久水谷不化，成湿即酿为痰，风煽痰壅，上及巅顶则头晕目眩，旁及四肢则筋骨酸疼，出上窍则痰多稠韧且难吐出。按脉左缓兼弦，右滑少力，两尺皆感不足，且舌中堆灰腻之苔。证属阴虚精亏之躯，中夹脾虚痰湿为患，膏方调治，当以养血柔筋，补肾壮骨，佐以扶脾通络。

大熟地三两，当归三两，炒杭芍二两，川芎一两，杜仲三两，炒女贞子二两五钱，盐水炒杞子二两，酒制狗脊三两，桑寄生一两五钱，砂仁五钱拌炒大生地三两，麦冬二两，川断三两，米炒潞党参五两，米炒於术二两，茯苓四两，米炒山药三两，甘菊花一两五钱，石决明五两，川牛膝一两五钱，天麻二两，木瓜一两五钱，米仁三两，橘红一两五钱，蛤壳五两，伸筋草五两，忍冬藤三两，络石藤三两，莲子三两，龙眼肉三两，红枣三两，虎骨胶二两五钱，阿胶

三两（炖烊，收膏入），冰糖十两（收膏入）。

例4

应某，男，46岁。上海。

起于操持过劳，喜怒不节，饥饱失匀，偏积成患，水不涵木，木侮所胜，犯脾伐胃。侮脾则土郁不宽，消化为之不力，腹筲时或作胀，伐胃则气窒胃关而脘痛，痛无定时。甚则肝气分窜，循两胁，扰胸旷，或呕吐酸汁，或大便硬结，病症随作随隐，缠绵已有十余稔之久，前进疏肝扶脾，补偏救弊之剂，胃纳已展，消化较力。唯兹亢悍之肝气与久虚之胃气尚未平和，是则膏剂滋之，不专在补，并却病也。

砂仁八钱拌炒大生地四两，盐水炒当归二两，炒杭芍二两，老山参三两，米炒西潞参四两，茯苓三两，米炒於术三两，怀山药三两，炒玉竹二两，盐水炒枣杞二两，制远志一两五钱，捣核桃肉十二个，盐水炒杜仲三两，狗脊四两，淡苁蓉二两，炒枣仁一两五钱，陈皮三两，木香一两，制香附一两五钱，降香一两五钱，佛手柑一两五钱，八月札一两五钱，沙苑蒺藜三两，米炒麦冬二两，川郁金一两五钱，玫瑰花二十朵，白檀香三两，南枣四两，龙眼四两，莲肉四两，阿胶三两，霞天胶一两五钱（共炖烊，收膏时入），冰糖二十四两（收膏入）。

例5

毛某，男，61岁。上海老闸桥。

胃称水谷之海，最能容物，今不能容，其来也渐，非朝夕之所能成。初起劳倦太过致中虚，复因饥饱不匀致脾馁，消化不良，食常停滞，大便秘结不畅，脘痛时作时微，痛甚上连胸胁，下及腰背。肝木乘隙而犯胃土，呕酸泛涎，亦间有之。脾主四肢，脾阳不振，形寒肢冷，足胫麻痹不仁。年

届花甲，命火渐微，以致火虚不能蒸土，土虚不能化物，上不能食，下不得便，阴枯而阳结，乃有关格之虞矣。

老山参三两，米炒於术二两，米炒潞党参三两，茯苓三两，娑罗子三两，米炒怀山药三两，姜夏二两，炒菟丝子三两，制巴戟二两，潼蒺藜三两，荜茇一两五钱，黑姜炭八钱，炒补骨脂三两，陈皮二两，制木瓜三两，炙陈佛手柑一两五钱，炙甘草一两，砂仁五钱拌炒大生地四两，玉竹二两，炒扶筋三两，盐水炒杜仲二两，炒当归三两，四制香附二两，煨肉果一两，炙红绿萼梅各一两二钱，桂枝一两，炒白芍二两，盐水炒杞子二两，煨木香一两，泽泻三两，玫瑰花三十朵，龙眼四两，南枣四两，莲子四两，阿胶三两，霞天胶一两五钱（另炖烊，收膏时和入），冰糖十六两（收膏入）。

例 6

张某，女，46 岁。山海关路。

妇人年近七七，阳气将衰，阴血亦弱。癸水月减，知将终止，亦不为病。唯阴虚者多火，形瘦者偏热，阴虚火旺，木易刑金，肝木发泄太过，金气敛肃失常，气冲而成咳，痰泛而成嗽，气火夹痰上溢，咳嗽并作，头胀而痛，胁肋作疼。甲木不靖，土德不充，消化不力，有时脘胀而痛，有时嗳气泛酸。两寸脉弱，左关不振，左关弦劲，舌绛无垢。入冬滋补，当调五行之偏胜。

紫石英四两，滁菊二两，淡秋石一两五钱，炒大生地三两，蛤壳四两，制女贞子三两，制远志一两二钱，丹皮一两五钱，煅磁石八两，熟地炭四两，龙齿四两，杜仲四两，预知子三两，橘红络各一两五钱，天冬三两，米炒麦冬三两，杜仲四两，石决明八两，川贝二两，米炒北沙参三两，百合

四两，米炒上潞参三两，杭芍三两，炒枣仁二两，炒沙苑蒺藜三两，当归三两，甜杏仁二两，於术二两，青葙子三两，炙白薇三两，野料豆衣三两，川断三两，红绿萼梅各一两，白果肉四两，红枣四两，龟板胶二两五钱，阿胶三两（共炖烊，收膏入），冰糖十两（收膏入）。

例7

邱某，女，35岁。余杭。

痰出于脾，坚而韧者为痰，饮出于肾，清而稀者为饮。饮痰充斥，气塞而成咳，饮泛而成嗽。素质肝旺，得相火之助反刑燥金，络破金伤，曾有咯血之累，咳嗽亦为之缠绵不辍，几成肺损。后经药养，内热减退，自汗见收，经汛亦能按月而行，外而脂肪较丰，现弃重就轻，转入痰饮之门。呼出之气主乎心肺，吸入之气司于肝肾，肾之摄纳无权，升气多于降气，动即气急，卫不外卫，阴不内守，容易触受客感，春夏阳旺较愈，秋冬气肃为盛，脉来弦滑有力，弦属肝旺，滑主有痰，舌苔薄黄白而润。膏方不唯滋补，并思却病也。

米炒上潞参四两，炒杭芍二两，淡秋石一两五钱，炒大生地五两，炒於术二两，沙苑蒺藜三两，白及片二两，炒当归三两，米炒北沙参二两，灵磁石四两，茯苓三两，制女贞子三两，紫白石英各二两五钱，海蛤壳四两，蒲黄炭一两，百合三两，旱莲草三两，天冬三两，生杜仲三两，蒸熟百部一两，血余炭八钱，怀山药二两，竹沥半夏三两，白果肉四两，红枣四两，莲子四两，鹿角胶一两五钱，龟板胶二两（共炖烊，收膏入），冰糖十六两（收膏入）。

例8

江某，男，83岁。上海。

年近期颐，尚无衰容，步健纳旺，犹似壮年，此禀赋之独厚也。唯命火式微，阳不胜阴，火不敌水，水谷所入大半化痰成饮。痰从脾阳不运而生，饮由肾寒水冷而成。饮痰充斥，淹蔽阳光，在夏秋尚可，交冬而阳不外卫，触冒风寒，引动痰饮，咳嗽气急，每交深宵子后而甚，寅卯三阳升而尤剧，肾气不敛，小便频促，阳不充盛，不能温皮毫，暖肌肤，跗冷过膝，臂冷及肘。按脉两尺充实，唯右关缓，主脾虚，左关滑，主有痰，滋补之中，当寓潜消阴饮之法。

大熟地四两，枣杞三两，淡苁蓉三两，巴戟二两，盐水炒菟丝子三两，茯苓三两，怀山药三两，炒益智仁二两，蛤壳四两，制乌附块三两，姜夏二两，旋覆花三两，桂枝一两五钱，炒白芍二两，当归三两，冬术二两，沉香末一两，米炒上潞参三两，炒玉竹三两，锁阳二两，潼蒺藜三两，盐水、炒杜仲三两，制扶筋二两，代赭石四两，炮姜一两拌炒五味子一两五钱，细辛八钱，蜜炙紫菀二两，覆盆子三两，川断二两，陈皮一两五钱，海藻四两，红枣四两，龙眼肉四两，莲子四两，阿胶二两，霞天胶二两（共炖烊，收膏时入），冰糖十六两（收膏入）。

例9

徐某，男，36岁。上海。

火有君相，相火为用，随君而动，心火下移，相火随之而炽。火动水不能静，神摇精荡，或有梦而遗泄，或无梦而滑渗。玉关频启，精神暗耗，腰脊时酸，足跗软弱。精亏髓空，记忆健忘，阳不入阴，时患失眠之累，胃不充旺，躯体难丰，脉来虚缓少神，两尺欠静。为今之计，滋阴扶阳，濡血而生精，兼养胃气以培中土，俾阴平阳秘，精神乃治。

燕根二两，萸肉二两，扁豆衣三两，蛤壳四两，米炒上

潞参三两，甘菊三两，炒女贞子三两，熟地四两，怀山药三两，茯神三两，生珍珠母十两，盐水炒大生地四两，龙齿四两，生左牡蛎四两，芡实三两，白术二两，夜交藤四两，麦冬三两，生杵枣仁二两，丹皮二两，桑螵蛸四两，当归三两，柏子仁三两，潼蒺藜三两，炙草梢一两，制川断三两，炙新会皮一两五钱，川柏一两五钱，杭芍二两，生炒杜仲各一两五钱，莲须四两，龙眼肉五两，白果肉四两，莲子四两，红枣四两，阿胶三两，金樱子膏二两（另炖烊化，收膏入），冰糖十六两（收膏入）。

例 10

刘某，男，37岁。上海天津路。

体躯丰腴，中气素薄，水谷所入，大半化湿，湿流下焦，窒碍膀胱气化，以致水源不浚，决渎不清，迁延淹缠，渐成慢性之淋。小溲不畅，精浊自遗，腰酸膝软，遇劳则甚，脉来濡缓，两尺欠固，舌苔薄白。脉证合参，实属劳淋之候。拟方不宜过于滋补，恐滞湿邪，遏败精之出路，当用两顾法，庶无流弊。

砂仁四钱拌炒大生地四两五钱，制川柏一两五钱，制苍术二两，潞党参一两五钱，米炒於术二两，赤白苓各三两，草薢三两，泽泻一两五钱，炒米仁三两，海螵蛸三两，川杜仲三两，潼蒺藜三两，制扶筋三两，怀山药三两，制女贞子三两，煅牡蛎四两，芡实三两，生化龙齿三两，丹皮一两五钱，杭白芍一两五钱，制玉竹二两，炙芪皮一两，姜夏二两，广木香一两，新会皮二两，蛤壳五两，制远志一两五钱，珍珠母六两，当归二两，莲子四两，龙眼肉四两，红枣四两，霞天胶四两，阿胶三两（共炖烊，收膏入），冰糖十两（收膏入）。

例 11

翁某，男，22岁。上海葵湾。

禀质先天不足，精血本亏，发育迟缓。自幼足踝外疡，流脓出血，当时失治，至今十余载不得收敛，时流稠水，步履不健。足踝乃三阴经交会之处，下焦精血荟萃之地，成此身中漏扈，以致形体不丰。三阴俱虚则生内热，劫灼津液，晨起每吐黄稠之痰浊，胃纳亦不甚充旺，脉来缓而无神，治外者必求之内，治内者可求于外，能将内之三阴滋补，或将外之隙漏填塞，亦当有济也。

绵芪五两，当归三两，忍冬藤四两，紫地丁四两，草薢三两，米炒潞党参三两，冬於术二两，怀山药二两，大生地四两，大熟地四两，萸肉二两，茯苓三两，米仁三两，川柏一两五钱，制苍术二两，酒炒丹参三两，制首乌四两，炒天冬三两，麦冬三两，盐水炒杞子二两，川杜仲三两，制扶筋三两，盐水炒桑椹子四两，杭白芍二两，浮海石四两，蛤壳四两，潼蒺藜三两，橘红一两五钱，清炙草一两，莲子肉四两，红枣四两，黑枣四两，核桃肉四两，龟板胶一两五钱，阿胶三两五钱（同炖烊，收膏入），冰糖十两（收膏入）。

例 12

杨某，女，28岁。11月，杭州。

骨小肉瘦，气阴两虚，冲任不足，经来参差不齐，或受气迫而先期，或因气涩而愆时，婚已五载，未曾生育。今夏至秋，每至日晡时多潮热，入夜更甚，且多盗汗。盖汗为心液，汗多心气失敛，乃致悸惕不宁，头昏寐劣。蒸热过久，营血暗耗，形体渐趋羸弱，前时迭经调治，症状有所好转，月汛虽按期而来，唯量少色淡，净后尚多带下。脉来细涩带数，舌红而干。际此隆冬投补，自当益其气血，调其偏胜，

以期阴平阳秘，健康有待。

盐水炒大生地六两，大熟地五两（砂仁五钱拌炒），米炒上潞参四两五钱，生芪三两，米炒麦冬三两，杭芍二两五钱，怀山药三两（打），炒冬术二两，生牡蛎六两，盐水炒萸肉二两，甘菊一两五钱，炒女贞子三两，炙当归二两五钱，杜仲三两，新会皮三两，青龙齿三两钱（杵），枣仁四两（杵），地骨皮三两，夏枯草二两，珍珠母五两（杵），红绿萼梅各一两，忍冬藤三两，原干扁斛三两五钱，紫石英四两（杵），西藏红花一两，石决明五两（杵），制川断肉二两五钱，八月札二两，甘草一两，丹皮一两八钱，沙苑蒺藜三两，天麻一两五钱，月季花一两，稽豆衣三两，白果肉四两，莲子四两，红枣四两，胡桃肉四两，阿胶六两，鳖甲胶二两五钱（同阿胶炖烊，收膏入），冰糖十五两（收膏入）。

例13

毛某，女，41岁。11月，杭州。

生育过多，又复流产，阴血耗伤，冲任攸亏，经来愆期，色淡量少，平时带淋甚多，头晕目眩，心悸寐劣，腰酸足软，不耐步履之劳。旧冬服膏滋方后，今春以来，诸恙悉减，经水已能按期，唯量不多。近因劳累，腰酸复甚，头晕乏力，脉细，苔薄白。冬令调补当予滋阴养血，填补肝肾，使肾气充沛，冲任得养，诸症自可向愈。

炙当归四两，制川断四两，制女贞子三两，炙甘菊一两五钱，炒香玉竹三两，炙川芎一两五钱，草决明二两，米炒怀山药三两，炒丹参四两，鸡血藤四两，天麻一两五钱，米炒上潞参六两，生地黄六两，秦艽二两，川郁金一两五钱（打），米炒白术三两，大熟地六两，千年健三两，炙青皮一两五钱，潼蒺藜三两，制首乌三两，煨狗脊五两，夏枯草二

两，炒杜仲三两，炒白芍二两，炙甘草一两五钱，炙陈皮三两，龙眼肉四两，红枣四两，白果肉四两，阿胶六两，霞天胶四两（另炖烊，收膏入），冰糖一斤（收膏入）。

【按语】膏方为传统的中药剂型之一，常为久病体虚或冬令调理之用。由于易于贮藏，服用方便，且对调摄阴阳，健身防病都有一定的作用，故颇受患者欢迎。叶老运用膏剂，能针对患者体质，禀赋及兼夹病证等复杂情况随证施用，不仅理法俱备，辨证精确，且用药精审，疗效卓著。

叶老认为："膏滋不专滋补，尚可调治太过与不及耳。"临床应用膏方非单纯于补益，对虚实夹杂，病后失调或痼疾顽症，如劳损、痰饮、咯血、胃脘痛、遗滑、痿痹、关格、疮毒及月经不调、不孕、产后崩带等，均能恰当地于滋补之中寓以祛邪调理，而获良效。叶老强调，拟用膏剂调理的同时，尚需注意摄生，如注意精神调节，饮食调养和劳逸有度，俾能"药养两到，庶克有济耳"。

至其煎服法，将药物先用冷水浸渍一昼夜，次日浓煎三次，去渣存汁，文火缓缓煎熬，俟药汁渐浓，再将胶、糖等和入收膏。待冷尽，用瓷罐盛贮，每日早晚各取一匙开水冲服，如遇感冒、停食等暂时停服，在服药期间，并忌食生萝卜、芥菜等。

论 流 派

中医有许多流派，所有的医师都归属在不同的流派之中。我们传自叶天士，系费伯雄一支，称为孟河派，亦统称

为叶派。因此对于叶天士《临证指南医案》与吴鞠通、王孟英、费伯雄等前辈的医著与医案要好好学习，细心揣摩，掌握叶派的理论与治疗的特点。叶派的突出贡献在于温病，故又称温热派，是对仲景《伤寒论》治疗外感热病的补充与发展，补前人之未备，论前人之未述。在内科杂病方面，仍以《金匮要略》以及以金元四大家与其后的中医大家的治疗方法与经验为指导，集前辈诸贤之大成而形成叶派的特色，在理论与治法上择善而从，不为一家所囿。指导叶派的医学理论仍旧是《内经》与《难经》，故要成为一个好的医师而不至于沦入医匠一流，必须学好秦汉医学经典与前辈有关医著。在民国以前，所谓"伤寒"与"温病"二派之争颇剧。迄今解放已多年，仍有以"伤寒派"自居者，学古而泥，甚者在一生中非仲景方不用，这是不对的。试观《临证指南医案》，作为温病派始祖的叶香岩治疗时大量应用了仲景方，由此可见温病派的治学方法。

论处方格式

　　孟河派在处方格式上有自己的特点。每方所用药味以十一味居多，少者八味，多则十三味。书写时，每张方笺直书四项，自右而左，每行三味，末行为二味，用药多少，以此类推。书写时每味药各写成二个字与三个字或更多。字数多少相互交替错杂，如首行第一味为二个字当归，则第二味为三个字炒白芍，第三味为二个字川芎，在当归左侧第二行首味写成三个字如大生地，以此类推。炮制方法或冠于药名

之上如蜜炙前胡，或以小字记于药名之右上侧，按需要处理。若处方用药为十三味，则增加第五行，与第四行同样书写药名二味。如此错落有致的布局，再加上工整秀丽的字迹与一段论理精当，文采华美的脉案，使人赏心悦目，未服药，已增加对医者的信赖程度。因此，业医者，除必须具有较高的理论水平与治疗经验以外，尚需精文学，善书法。正如太炎先生所说："不通国学，无益国医。"

用药不在多而在于精

仲景用药，直击主证，每方药少而精，多数在四至五味左右，少者仅二味，如泽泻汤，多者如炙甘草汤，治脉结代之重症，用药亦祇八味。后世治病主张兼顾，重视药物之间的配伍与制约，故所用药味渐次增多，但十二至十三味已足矣。如果用药过多，意欲面面俱到，反而主次不分，影响疗效。论仲景用药之精，一在药味，二在剂量。以药味论，如麻黄汤去桂枝为三拗汤，桂枝汤去白芍加附子为桂枝附子汤，用药之差仅一二味，而方名不同，主治之症迥然有别；从剂量而论，如小承气、厚朴三物、厚朴大黄等方，用药相同而剂量有别，所治之主症截然不同。尔等初学者，对于仲景之书，若不潜心研读，欲成良医者，难也。

论处方之药味与剂量

笔者满师未久，门诊时遵师训，仔细检阅病者曾经服用之处方，发现其中有应用药味特多或剂量特重者，为此求教于老师。叶老见问，遂回答曰：处方所用之药味与剂量，仲景垂范于先，诸贤发挥于后，汝当多读先贤医案，自然洞然于胸而有矩可循。《内经》论方有大方、小方之别，大方者药味少而用量重，小方者药味多而用量轻。一般说来，治外感证，因病急邪盛，处方药味不宜多，用量宜偏大；治内伤证，病缓多虚，处方药味可增多，剂量应偏小。当然亦有治外感药味多而量轻，治内伤药味少而量重者，此因人因证而异，变通而治也。读前人书贵在不泥，处方用药亦然处此。我辈承自叶门孟河派，处方投药一般以十一味居多，当然亦有少至七、八味，多至十三味以上者，但比较少见。对于临床常见病证，用药十一味，君臣佐使配合得当，对于邪正主次已可全面照顾，足够应付。但对于襁褓婴儿与幼年儿童，时医所处之方，每味用量少者几分，多者一钱，深恐小舟重载，不胜药力。需知婴儿服药，一则煎取之药汁甚少，二者喂服时呼号挣扎而难免狼藉，三则因为药苦，婴儿随服随吐，不肯下咽，甚则服后又呕出少许，这样真正服下之药汁数量十分有限，难以达到治疗要求，因此，处方时用药剂量可以稍稍加大，寻常药物用量在一钱至二钱上下，此也是情势所然，变通之法也。

论 葛 根

葛根辛甘性平，轻扬升发，入阳明之经，生用可解阳明之肌，发汗退热；煨熟用之，兼入脾经，生津、举陷而止脾泄。又，该药入土最深，藤蔓至广，善于入络，通经祛风，故为治疗四肢疼痛之要药。

论温病之用人参

一日赴叶老家，先生精神颇好，当问及在学习中有何疑难之处时，遂提出"在治疗温病时怎样正确应用人参"一题以求教。先生闻此欣然曰：此题问得好，足见你的体会已非肤浅。盖温病之需用人参者，已非轻浅之候，或其人素体虚弱，或邪甚而损人津气，以致正虚不能达邪外出，抑或邪盛正气内溃而行将厥脱者，则宜应用人参以扶正达邪，补气救脱。大凡对于伏气春温，缘因邪伏少阴，灼伤真阴，复由新感诱发，故临床所见，在表证消除以后，每以津气亏损，邪热炽盛者为多见，若脉细数而无神，苔黄燥而干裂，舌质多为绛红，精神颇为倦怠，此时当用吉林人参二钱左右与增液汤合用，气阴两顾，补益正气。若因津液大伤，水不涵木而虚风内起者，可与一甲、二甲、三甲复脉辈合用，急急扶正祛邪。如若病及营血而

见鼻窍、皮肤衄血者，亦可以野山人参与犀角地黄合用，同时佐入西洋参、霍山石斛、麦冬等生津救液。待药后津液渐次来复而气虚脉细无神者，改以别直参合西洋参、麦冬等治之。暑温证，叶香岩云"夏暑发自阳明"，以壮热、汗出、渴饮、面赤为主症，脉数有力，舌苔黄燥。若见神倦嗜卧，少语懒言，语音低微，甚者气短微喘，汗出过多，脉来细数无力者，可仿人参白虎汤法，用北路太子参二钱与鲜石斛、天花粉合用，补益津气。见有神识时昏时清者，可与清宫辈并进，或加牛黄清心丸一粒，化吞。湿温证，若身热旬日不解，痦出不彻，细小不密，舌尖边绛，苔黄燥，脉形濡数无神，而其人禀体素虚者，亦可用北路太子参二钱合扁石斛、天花粉同用，两补津气，托痦达邪，并与银花、连翘、通草、米仁等清热化湿剂合进。伏暑温病亦每由新凉引发而成三气夹杂之证，由于邪伏未久，多伤肺胃之津液，若身热旬余不解，痦点见而不多，加之素体虚弱，精神疲惫，脉虽滑数，重按无神，舌质光红，或见质裂，证属邪热炽盛，正气内虚而正不敌邪，热将内陷者，可用北路太子参二钱合麦冬、扁石斛、花粉、芦根等补益津气，甚者知母、玄参亦可加入。也可用别直参三钱易北路太子参，浓煎取汁，置入罐中，不加盖，露一宿，翌晨和入鲜姜汁 10 滴饮服。此名露姜饮，露一宿者取其润，加姜汁者寒因热用之意也。良以别直参性温，非温病之燥热所宜，故以大队甘寒生津之品为伍以外，再采用露姜法。至于西洋参，亦可酌情用之。待温病邪去而病后体虚，头昏乏力，纳谷不丰，脉缓无力，苔薄者，可用上潞参三钱合陈皮、谷芽、茯苓、甘草、红枣等补脾和胃。或用北沙参、川斛、陈皮、谷芽、甘草等轻养肺胃。

此等均为善后之措也。

论苍耳子

苍耳子甘苦性温，除本草中所列功用以外，此药上开肺窍，下开肾窍。上开肺窍可治外感头痛、鼻塞、鼻渊；下开肾窍可疗淋证之小便频数，小腹窘迫诸证，故在热淋中用之，配以杏仁、瞿麦，可减轻腹胀，尿频症状。

论苏子、葶苈子、皂荚子

1960 年中秋，去叶老家问候，闲谈中论及痰饮，遂提问曰：世医治咳喘用三子，系苏子、白芥子、莱菔子，而老师临证中，好用苏子、葶苈子、皂荚子，请示此三子之用法。叶老答曰：苏子味辛性温，主下气消痰，治痰多喘咳，其力稍缓，故用以治痰多咳嗽气喘之夹虚、夹寒者，此药系紫苏之子，紫苏与陈皮、砂仁合用可以安胎，可见其药力之缓；皂荚子辛温而咸，性烈而利，消痰破坚，治痰喘肿满，痰饮证中用之，取其滑降，治疗饮邪化热，痰热壅盛，以致肺气失肃，胸宇满闷，咳嗽气喘，痰出不爽者；葶苈子辛苦大寒而性峻急，泻痰热，下肺气，治咳喘，其性较皂荚子尤烈，用于痰热阻肺，水气膹急之咳喘，证重而急者。临床中应用，苏子每参入旋覆代赭或小

青龙诸汤中；葶苈子有甜、苦二种，甜者其性稍缓，故多采用之，每在小青龙加石膏、大青龙汤、己椒苈黄等方中用之；皂荚子消痰为主，下气之功不及葶苈，多用于小青龙、小青龙加石膏等方中。具体掌握，苏子用于痰饮咳喘之夹寒夹虚者，皂荚子用于饮邪内盛或夹感化热而痰多热少者，葶苈子用于痰热壅盛，阻塞肺气而咳喘不平，胸闷胀满者。

论麻杏石甘汤

麻杏石甘汤系仲景方，本为风寒束表，痰热壅肺之恶寒，无汗，发热，咳嗽，喘息之证而设，即俗称寒包火者，亦可用以治疗内伤证之痰热咳嗽。临证用法，凡风寒未解宜佐入苏叶，合麻黄发散风寒，痰多稠黄加黄芩，伍石膏以泻肺家之热；胸闷咯痰不爽增大力子、甜葶苈子，佐杏仁泻肺降气涤痰平喘。他如前胡、浙贝、芦根、花粉等，均可随证采入。

论 麻 黄

一日先生治一痰热咳喘证，处方以麻杏石甘合葶苈大枣二方加味。诊毕，环顾侍诊学生曰：本草以麻黄为发汗要药，又曰麻黄发汗，麻黄之根、节止汗。读仲景书，以麻黄

汤为发汗要方，治发热、恶寒、无汗、脉浮紧之太阳伤寒。但该方去桂枝则名三拗汤，专治外感风寒之咳嗽气急，由此可见麻黄与桂枝或苏叶、生姜辈为伍，其功在发汗解表、宣散风寒，若无此类药物相佐，则发汗力弱，长于宣肺涤痰、止咳平喘。再如阳和汤治阴疽，方中也用麻黄，意在领诸药外出肌腠而建功，也非发汗之需也。麻黄者，生用力峻，蜜炙力缓，量多力峻，量少力缓，合桂枝或苏叶、生姜等发汗力峻，不合此类辛温发表药则主要用于祛痰平喘。临床应用时须按治疗需要把握剂量，若用量在五分以内，麻黄亦可止汗，其效果与麻黄根、麻黄节相近。

论五味子

此药酸温而涩，上收肺气耗散之金，下敛少阴不足之肾，为内科常用要药之一。收肺气之耗散，可以用之治疗自汗，盗汗，以及津气大伤之汗多欲脱者，亦可治疗饮邪夹感之咳喘，但需与干姜、细辛同用，且用量宜少，每剂约五分，如小青龙汤之用法。敛肾气之失固不论阴虚、阳损俱可用之，如治疗尿频、遗尿、滑精、虚带、肾泄、尿后余沥不净以及某些月经淋沥难净等证，用量宜大，每剂在三钱左右，并与温肾、滋肾、益气、填精等剂合用，如麦味地黄丸、无比山药丸、四神丸中俱用之，但阴虚而相火过炽者，阳虚而饮湿内盛者宜慎。此外，五味子敛肾水而上济心阴，安其心神，治疗失眠、心悸、怔忡，柏子养心丸中亦用之。

牢牢记住辨证论治

　　一次叶老出席全国人大会议，返回时在沪小住数日，一门人前往宾馆拜望，当告辞刚出房门，叶老又把他叫了回去，嘱咐说：医生治病拟方，好比量体裁衣。我们治病当辨别证候，因人、因时、因地、因证而异，无成法可守，成方可用，当随机变化，灵活加减，所以辨证论治是中医的精髓所在，千万不能疏忽。

论治疗痞

　　一次，随师会诊一湿温重证，诊毕护送老师回家，先生留饭，餐毕小坐，见叶老面无倦意，遂请教对于白痞的治法。先生结合方才所诊病例作答：湿温见痞，多在发热一候，甚或旬日之后，其邪已涉中焦，已非上焦轻浅之证可比。盖温热气分证，尚可战汗而解，或再战而愈，而湿温中焦证，每多化痞外透，渐次好转。叶天士曰"温病到气，方可清气"，而湿温之中焦证，虽见高热，不宜清法，良以湿温乃感受湿热病邪所致，湿为阴邪，得温始化，此证湿遏热伏，热在湿中，湿不去则热无以除，故徒清热则不应。上焦湿温治宜辛香淡渗，佐以微苦，俾湿热分消，邪自外达，其证向愈。中焦湿温，邪已入里，又热在湿中，故既不能汗

解，又不宜清泄，每多化瘩，所以湿温见瘩，乃系人体之正气鼓舞，达邪由气出卫之良好转机，其治法宜因势利导。透瘩以辛宣肺气、渗化湿邪为正治，常用者如杏仁、大力子、大豆卷、米仁、滑石、赤苓等，佐以陈皮、佩兰芳化，连翘、黄芩清热，津伤者酌加石斛、芦根等。盖湿化则热无所依，气宣则湿难以遏，此即吴鞠通气化则湿化，湿清则热清之意也。要知透瘩非若透疹，芫荽籽等非所常用。清热药常用者如连翘、山栀、黄芩，但药不宜多，量也不应过大，缘因湿温之热，尤其当邪入中焦之际，既不能不清，更不宜过清。用连翘、山栀者，此二味均属苦辛，苦清热，辛散结，清中寓散，于湿邪无碍；黄芩一味，苦能燥湿，入肺与大肠，与渗利湿邪之品合用，系芩石五苓汤用法，亦为湿热正治之措。以上三药清热而不碍宣达，利于白瘩外透。若湿热炽盛而累及心营，以致壮热不退，胸闷，神昏，白瘩难以外透者，宜以连翘、山栀清热，竹叶、滑石渗湿，鲜菖蒲、至宝丹宣窍，大力子、香豆豉宣透以达邪透瘩外出。待湿热病邪减轻，气机不为之窒塞，自然白瘩逐步外透而证情日渐向安。亦有其人禀体素虚，瘩出不彻，粒小而疏且不饱满者，可用北路太子参二钱合扁石斛、花粉、芦根等，参入上述宣肺、化气、渗湿、清热方中。

论　湿

四时气候从五行论，春风、夏暑、秋燥、冬寒、长夏主湿，长夏者时在夏秋之交的前后各十八天，共计三十六天，

亦名土旺日。斯时正值盛暑，天气炎热，暑热下逼，蒸地中湿气上腾，热愈盛则湿亦愈盛，乃有暑必夹湿之说。亦有土寄旺于四时的说法，认为一年四季俱有湿邪，唯长夏独盛也。但是吾苏沪杭地区，处于长江之南，雨水之多，胜于江北，于是叶桂有江南气温地卑多湿之论述。尤在每年春夏之交，立夏前后，淫雨绵绵不歇，天气闷热少风，屋外天地皆湿，房内衣服俱潮，人为湿热所困，其所感之湿气为一年中之最。再则前论湿旺于长夏，乃指黄河二岸之气候而说，吾地湿胜于梅季，系江南地区之气候特点，正所谓江南之橘，移至淮北则为枳，地域使然也。湿邪如此，其他病邪亦如此，地域之异，业医者万勿忽之。

论 饮 邪

饮者水也，水本属阴，不得气化，留着体内，酿成病证，如水饮留于肠道则肠鸣大便溏泻，水饮溢于肌肤而头身浮肿，水饮留积胸中遂胸胁引痛，水饮上射于肺故咳嗽咳痰甚者喘逆倚息，他如水饮逆于胃则呕吐，心下痞，凌于心则悸，蔽于阳则眩等，种种见证虽各不相同，而致病之由皆系水饮之邪作祟所致。盖阳虚则水寒而成饮，饮邪因寒而聚，得温则化，故仲景立"病谈饮者，当以温药和之"的治疗大法，而垂苓桂术甘与肾气丸二方。按苓桂术甘温脾行水，肾气丸温肾化饮，二方虽同属温药之例，而有治脾与治肾的区别。此外，饮邪每每留着体内，伏而不化，卒受外感则引起复发，所谓新感引动伏饮者是也，其病急，急则治表，治以

宣肺达邪化饮为主，如大、小青龙汤等，以系变法，故又有外饮治肺，内饮治肾之说。

论八脉丽于阳明

阳明虚则宗筋纵，带脉不束。妇人带下绵绵，色清质稀，伴以四肢倦怠，乏力腰酸，或见面色萎黄，肢体虚肿，纳谷不馨，大便溏软，此胃弱脾虚，带脉失约。盖胃虚多寒，脾虚生湿，治宜异功散为主方，合五苓，内寒加术附，他如威喜丸亦可参入，至于固涩之品，宜按湿邪之轻重而酌情采用。又胃虚水谷所入不丰，脾虚升降运化失司，以致气血生化乏力，冲血不足，带脉失束，月经往往愆期而至，色淡量少，而又淋滴如漏，多日不净，形寒怯冷，肢软神乏，治宜补胃运脾，温养气血，宜用归脾汤合圣愈汤治之，酌佐阿胶珠、炒地榆、侧柏炭以涩血，脾虚及肾者，杜仲炭、狗脊炭、炮姜炭亦可参入。但以上所有用药，总以不碍脾胃为要务。

论八脉丽于肝肾

治妇人经胎带下诸证当究奇经八脉，八脉之中尤以冲任督带为重，盖督司阳，冲藏血，任主胞胎，带司约束，而其中更以任督二脉为要。肝肾者，肝主藏血，又主疏调；肾

藏阴精，而寓真阳。此二脏与任督之关联尤为密切。至于肝肾之间，乙癸同源，补肾即补肝，泻肝即泻肾，所谓肝无补法、肾无泻法之说乃肇源于此也。盖肝血不虚，肝气调达，肾精充盈，肾阳不衰，则八脉和调，自无经胎带下之患。临证用药如桂心、炮姜、鹿角辈温肾阳以补督，熟地、萸肉、龟板等填肾阴以充任，他如紫石英之暖寒、炒黄柏之清热等俱可参入于相应的治疗方剂之中。

论开太阳合阳明

前人论泄泻每有湿多成五泄之说，或曰湿胜则濡泄。良以土德不振，中运力弱，湿郁不化，下流肠道而不得分利，与糟粕夹杂而下，遂病泄泻。按水、饮、湿三者本属一体，俱为阴邪，得温则化，遇寒而凝。其治当宗仲景温药和之之法，用苓桂术甘，或与四君、异功辈揉合以进。但治湿必利小便，如农人治涝，导其下流，则虽处卑滥亦不忧巨浸，不如以苓桂术甘和五苓合用，加入车前草以分利之，导湿邪下行，由州都而出，湿去则泄泻乃愈也。

1881年12月1日　出生于浙江省杭州市武林门外响水闸。

1888年1月~1897年12月　就读于余杭县良渚镇私塾。

1898年1月~1903年1月　从余杭县良渚镇莫尚古先生学习中医内妇科。

1903年2月~1929年8月　在余杭县城区下木香弄开业行医，其间在开业之早期经常侍诊于太先生姚梦兰处，得其亲授。

1929年9月~1948年8月　先旅居上海，后定居开业于五马路大庆里。

1948年9月~1952年4月　回到杭州市二圣庙前29号家中开业，其间曾于1951年再次赴上海小住，后应邀再回杭州定居。

1952年5月~1954年10月　首先发起并会同史沛棠、

张硕甫等老中医创办杭州广兴中医医院（杭州市中医院之前身），参加临床工作。1954 年当选为浙江省第一届省人大代表，任至本届届满。

1954 年 10 月~1955 年 1 月　杭州市中医门诊部成立，奉命调任该门诊部主任，参加临床工作，并正式成为国家工作人员。

1955 年 2 月　起任浙江省卫生厅副厅长，同时在浙江省中医院、杭州市中医门诊部参加门诊工作至 1968 年逝世。

1955 年 2 月　被推选为浙江省第一届政协委员，任至本届届满。

1956 年　加入中国农工民主党，同年出席全国先进生产（工作）者大会，被选入大会主席团。

1958 年 9 月　当选为农工民主党浙江省第二届委员会常委。同年继续当选为浙江省第二届人大代表，继续被推选为浙江省第二届政协委员，并当选为常委。均任至本届结束。

1959 年 4 月　被补选为第二届全国人大代表。

1961 年　当选为农工党浙江省委员会副主任委员。

1964 年 12 月　再次当选为第三届全国人大代表。

1965 年　《叶熙春医案》出版。

1968 年 10 月 21 日　在"文革"动乱中遭受严重迫害，不幸含冤逝世。

后记

　　历时一年半，关于先师叶熙春先生的专辑终于完成了。先师逝世已 30 多年，他的门人也都年事已高，其中多位已经亡故，在浙江的只有史奎钧与本人二位，另外在上海有一位，在安徽还有一位，由于从未联系，也难以联络。史奎钧师兄与我一起拜于叶熙春、史沛棠二位老师门下，以后奎钧师兄被批准作为史沛棠老师的学术继承人，而我，作为叶熙春老师收的最后一个徒弟，虽未经有关部门的正式指定，事实上也就成了叶老的学术继承人，叶老的这部专辑也就由我主笔撰写。困难的是，早先我学习时的侍诊记录与笔记等资料，在 1965 年编写《叶熙春医案》时上缴作为素材，而后又被遗失，手头上留下的资料实在太少，尤其是关于叶老的"医家小传"与"年谱"方面的资料实在缺乏，为了找寻与核实这些素材，我用了很多的时间。由于得到了叶老的小公子叶炳南先生与农工民主党浙江省委会有关同志等的帮助，才完成了任务。

　　撰写这本专辑，我主要参照三方面的材料，一是 1965年出版的《叶熙春医案》与 1983 年出版的《叶熙春专辑》；二是发表于浙江省政协文史资料委员会主编的文史资料 58辑中，由师母程婷英口述的《忆先夫叶熙春》一文；三是我对先师平日所授的只语片言的札录与记忆，其中还包括了我对老师的学术经验的学习心得与理解。

　　在这本专辑中采用了以分、钱、两为单位的老的计量方法，一则为了尊重历史，二则叶老在用药上十分讲究，有一分、二分、五分、八分，以及一钱二分、一钱半等，为了如实地反映叶老的用药经验，所以仍沿用旧的计量方法。敬请读者谅解。